Best friends
베스트 프렌즈 시리즈 6

베스트 프렌즈
도쿄

정꽃나래·정꽃보라 지음

중앙books

CONTENTS 도쿄

도쿄 여행 준비 121

도쿄 지도 목차

일러두기

지역 소개 및 구성상의 특징

이 책에 실린 정보는 2023년 2월까지 수집한 정보를 바탕으로 하고 있습니다. 따라서 현지 볼거리·음식·쇼핑의 운영 시간, 교통 요금과 운행 시간, 숙소 정보 등이 수시로 바뀔 수 있습니다. 지역의 특성상 수리·보수 또는 공사로 인해 입장이 불가하거나 출입구가 변경되는 경우도 생깁니다. 저자가 발빠르게 움직이며 정보를 수집해 반영하고 있지만 뒤따라가지 못하는 경우도 발생합니다. 이 점을 감안하여 여행 계획을 세우시기 바랍니다.

지도에 사용한 기호

Ⓥ 관광 명소	Ⓡ 식당	Ⓢ 쇼핑 명소	Ⓗ 숙소	Ⓞ 숙소
편의점(세븐일레븐)	편의점(패밀리마트)	편의점(로손)	전철, 지하철, 기차 역	표지물 / Ⓐ 역 출구

도쿄 구역별 소개

신주쿠 新宿

일본 최대 규모의 번화가. 환락가의 대명사인 카부키쵸를 비롯해 맛집, 쇼핑 명소로 가득한 동쪽 지역과 달리 서쪽 지역은 고층빌딩이 대거 들어선 오피스타운이 형성되어 있다.

[핵심 명소] 도쿄도청, 카부키쵸, 신주쿠토호빌딩

하라주쿠·오모테산도·아오야마

原宿·表参道·青山

일본의 패션 산업을 이끌어가는 지역. 감각적인 캐주얼 스타일의 스트리트패션에서부터 디자이너가 선보이는 고급스러운 하이패션의 부티크가 즐비하다.

[핵심 명소] 메이지신궁, 타케시타 거리, 오모테산도힐즈, 아오야마 명품거리

시부야 渋谷

일본의 문화 발신지이자 젊은이의 거리. 20대 위주의 최신 유행 패션을 주도하는 지역으로 대형 쇼핑센터가 대거 있다.

[핵심 명소] 시부야 스크램블 교차로, 시부야 스카이, 시부야 스트림

이케부쿠로 池袋

아키하바라와 마찬가지로 일본 서브컬처를 즐길 수 있는 지역. 아키하바라가 남자 오타쿠의 놀이터라면 이케부쿠로는 여자 오타쿠를 위한 공간이라 할 수 있다.

[핵심 명소] 선샤인시티, 오토메로드

우에노 上野

박물관, 미술관, 동물원, 사찰 등 볼거리가 풍성한 우에노온시 공원이 핵심. 도쿄의 이름난 시장 아메요코와 고즈넉한 주택가 야네센(야나카 谷中, 네즈 根津, 센다기 千駄木) 지역으로 도쿄 변두리의 매력을 만끽할 수 있다.

[핵심 명소] 우에노온시 공원, 우에노동물원, 야네센

아키하바라 秋葉原

만화, 애니메이션, 게임, 아이돌 등 일본의 서브컬처를 대표하는 지역. 전자제품점이 모인 전자상가로 유명했지만 최근 들어서 일본 고유의 문화를 전파하는 발신지로 뜨고 있다.

[핵심 명소] 아키하바라전자상가, 니케이고욘마루 아키-오카 아티산, 진보초

키치죠지 吉祥寺

일본 현지인에게 도쿄에서 가장 살고 싶은 지역 상위권에 꼽히는 지역. 공원을 중심으로 조성된 깔끔한 거리에 아기자기한 숍이 곳곳에 있으며 산책을 즐기기에도 좋다.

[핵심 명소] 지브리미술관, 이노카시라온시 공원, 시모키타자와

• 키치죠지

롯본기 六本木

롯본기힐즈와 도쿄미드타운으로 대표되는 고급상업시설과 박물관, 미술관 덕분에 아트와 패션을 상징하는 거리로 꼽힌다.

[핵심 명소] 롯본기힐즈, 도쿄시티뷰전망대, 도쿄타워

도쿄역 東京駅

열차 중앙역이 위치한 도쿄의 관문. 에도시대부터 일본의 정치, 경제, 문화의 중심지 역할을 하고 있는 지역으로 역을 중심으로 즐길 거리가 집중되어 있다.

[핵심 명소] 도쿄스테이션시티, 마루노우치 나카 거리

오다이바 お台場

해변가 주변에 각종 명소가 형성된 관광지. 레인보우브리지, 자유의 여신상, 건담 등의 인공조형물이 자연경관과 어우러져 환상적인 풍광을 만들어낸다.

[핵심 명소] 후지TV, 오다이바해변공원, 다이버시티도쿄플라자

에비스·다이칸야마·나카메구로
惠比寿 · 代官山 · 中目黒

세련되고 스타일리시한 거리 분위기가 인상적인 지역. 상업시설과 주택가가 혼재해 있다.

[핵심 명소] 에비스 가든 플레이스, 메구로 강

지유가오카 自由が丘

예쁜 인테리어 잡화와 비주얼, 맛을 모두 충족시키는 디저트로 대변되는 지역. 주택가 사이에 자리한 가게들을 구경하는 재미가 쏠쏠하다.

[핵심 명소] 쿠마노신사, 라 비타

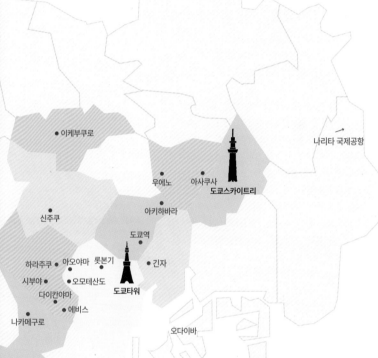

이케부쿠로

나리타 국제공항

우에노   아사쿠사   도쿄스카이트리

신주쿠   아키하바라

도쿄역

하라주쿠   아오야마   롯본기   긴자

시부야   오모테산도

다이칸야마   도쿄타워

에비스

나카메구로

오다이바

지유가오카

하네다 공항

아사쿠사 浅草

도쿄인이 사랑하는 사찰 센소지의 영향으로 도쿄의 옛 모습을 그대로 간직한 지역의 대명사였으나 2012년 도쿄스카이트리의 탄생으로 신구의 조화를 이루는 대표적인 사례로 평가 받고 있다.

[핵심 명소] 센소지, 나카미세 거리, 도쿄스카이트리

긴자 銀座

내로라하는 명품브랜드의 부티크가 줄지어 있는 거대 명품타운. 외국인 관광객의 급증으로 찾는 이가 늘어남에 따라 매년 새롭게 선보이는 명소가 생겨나고 있다.

[핵심 명소] 긴자 거리, 토큐플라자긴자

2023년 도쿄, 이렇게 달라졌어요

what's new

신용카드, 간편 결제가 가능한 업소 확대

일본도 신용카드와 간편결제 시스템이 서서히 정착되고 있는 추세다. 이러한 결제가 가능한 소규모 업소가 늘어나고 있으며, 이것을 이용하는 일본인의 비율도 크게 확대되었다.

최근 환전 수수료와 해외결제 수수료 없이 외화를 미리 충전하여 결제할 수 있는 선불식 충전카드가 큰 인기를 끌고 있다. '트래블로그 체크카드(마스터카드)'와 '트래블월렛 트래블페이(비자카드)'가 대표적이다. 카드를 발급받고 전용 애플리케이션에 엔화를 충전하면 일본 현지에서 체크카드 개념으로 사용할 수 있으며, ATM기로 현금 인출도 가능하다. 또한 카드를 긁거나 꽂지 않고 기계에 갖다 대기만 해도 결제가 이루어지는 '컨택트리스 결제' 시스템이라 더욱 편리하다. 트래블로그는 세븐일레븐(セブンイレブン) 편의점 내에 비치된 세븐뱅크 ATM, 트래블월렛은 이온 AEON 또는 미니스톱(ミニストップ) 편의점 ATM에서 인출 시 수수료가 무료다. 구글맵에서 세븐뱅크는 'seven bank', 이온은 'aeon atm'으로 검색하면 된다.

[트래블로그] m.global.hanacard.co.kr/travlog/travlog.html,
[트래블월렛] www.travel-wallet.com

Travel tip

ATM에서 현금 인출하는 방법
(* ATM 기계마다 이용 방법이 약간씩 다를 수 있으므로 유의하자)
① 엔화가 충전된 카드를 준비한다.
② 구글 맵으로 ATM 검색하여 기기를 찾는다.
③ 기기에 카드를 삽입한다.
④ 카드 비밀번호 4자리를 입력한다.
⑤ 언어 설정에서 '한국어'를 클릭한다.
⑥ 원하는 거래는 '출금'을 클릭한다.
⑦ 원하는 계좌는 '건너뛰기'를 클릭한다.
⑧ 출금할 금액을 선택한 후 최종 화면에서 엔화를 클릭한다.

새로 도입된 숙박세 제도

관광자원의 매력 향상과 여행지의 환경 개선 등 관광 진흥에 필요한 비용을 충당하고자 마련된 제도로, 도쿄에 위치한 호텔 또는 료칸에 숙박하는 투숙객에게 부과하는 세금이다. 이

숙박 요금(1인 1박)	세율
¥10,000 이상 ¥15,000 미만	¥100
¥15,000 이상	¥200

탈리아, 스페인, 스위스, 포르투갈 등 유럽에서는 일찌감치 시행되고 있으며, 일본의 주요 관광 도시인 도쿄, 오사카, 후쿠오카, 교토, 카나자와 등지에서도 숙박세를 부과하고 있다. 도쿄의 숙박세는 할인과 혜택을 받은 금액을 제외하고 최종적으로 결제한 금액에 따라 세금이 책정된다. 숙박세는 투숙객 1명씩 1박당 부과되는데, 만약 총 금액 2만엔인 도쿄 호텔에 2인 3박을 할 경우 숙박세는 200엔×3박×2인=1,200엔이 된다. 숙박세는 결제한 최종 숙박비에 포함되어 있는 경우가 있으며, 그렇지 않은 경우 체크인 또는 체크아웃 시 별도로 지불하는 방식이다.

일본 현지에서 이용 가능한
네이버페이와 카카오페이

앞서 언급한 바와 같이 일본에서도 간편 결제 서비스가 점차 확대되고 있는 실정이다. 일본의 주요 간편 결제 서비스는 페이페이 (PayPay), 라인페이 (LINE Pay), 라쿠텐페이 (R Pay), 알리페이 (ALI PAY) 등이 있다. 이 중 한 국에서 많이 사용하는 네이버페이와 카카오페이는 일본 간편 결제 시스템과 연계하여 일본 현지에서도 이용할 수 있게 되었는데, 네이버 페이는 유니온페이와, 카카오페이는 알리페이 와 연계하여 일본에서 이용 가능하다. 이용 시 환율은 당일 최초 고시 매매기준율이 적용되 며, 별도 수수료는 없다. 네이버페이와 카카오 페이 모두 각 포인트와 머니로만 결제되므로 잔액 확인 후 사용하도록 한다(선물받은 포인 트와 머니는 사용 불가). 이용 시 아래 절차를 참고하자.

Travel tip

주요 사용처

· 네이버페이 : 하네다 국제공항, 빅카메라, 야마 다 전기, 조신, 마츠야, 재팬 택시, 도쿄 돔 시티, 한큐 멘즈, 코코카라파인 드러그 스토어, 웰시아 드러그 스토어, 몬테레이 호텔 등
· 카카오페이 : 빅카메라, 이세탄 백화점, 미츠코 시 백화점, 오다큐 백화점, 다이마루 백화점, 마 츠자카야 백화점, 돈키호테, 미츠이 아웃렛 파 크, 이온몰, 에디온, 라라포트, 다이버시티 도쿄, 나리타 국제공항, 하네다 국제공항, 로손 편의 점, 패밀리마트, 츠루하 드러그 등

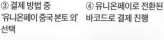

네이버페이(유니온페이) 결제 방법

① 네이버페이 애플리케이션에서 '현장결제' 클릭

② 'N pay 국내' 클릭

③ 결제 방법 중 '유니온페이 중국 본토 외' 선택

④ 유니온페이로 전환된 바코드로 결제 진행

카카오페이(알리페이) 결제 방법

① 카카오톡 내 카카오페이 창을 열어 '대한민국' 클릭

② 국가선택에서 '일본' 클릭

③ 알리페이로 전환된 바코드로 결제 진행

호텔, 음식점 등 **실내 흡연 금지**

2020년 4월부터 도쿄는 간접 흡연을 방지하고자 음식점, 호텔, 료칸, 철도, 선박 등 많은 사람이 이용하는 장소에서의 흡연이 원칙적으로 금지되는 법률이 개정 및 시행되고 있다. 나아가 보행 또는 자전거 승차 중인 이들의 노상 흡연도 금지하고 있다(단, 전자담배는 제외). 일부 시설에서는 실내 흡연이 가능하도록 별도의 흡연전용실을 마련하고 있고, 법률 시행 전 문을 연 소규모 점포에서는 흡연이 가능하다. 흡연 가능한 음식점을 확인하고 싶다면 스모킹맵 사이트(smokingmap.jp)를 이용하자.

Travel tip

스모킹맵 이용하는 법

① 사이트 첫 화면은 일본의 흡연 가능한 연령인 20세 이상임을 확인하는 내용이다. '네(はい)'를 클릭한다.

② 하단 메뉴(MENU)에서 도쿄(東京)를 클릭한다.

③ 하단에 있는 '현재 위치에서 찾기'를 클릭하면 주변에 있는 흡연 가능 음식점을 찾을 수 있다.

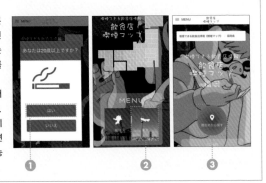

일본에서도 이용 가능한 **모바일 택시 배차 서비스**

카카오택시와 우티 등 스마트폰 애플리케이션을 통한 모바일 차량 배차 서비스는 일본에서도 보편적으로 사용되고 있다. 도쿄에서 이용 가능한 대표적인 애플리케이션은 디디(DiDi), 고(GO), 우버택시(Uber Taxi), 에스라이드(S.RIDE)다. 디디(DiDi)는 서비스 중인 택시 차량이 많은 편이라 도쿄에서 가장 배차가 빠른 서비스로 알려져 있다. 게다가 택시 예약 시 별도 요금이 부과되지 않는 점도 인기 요인으로 꼽힌다. 애플리케이션 다운로드 후 한국 전화번호로도 가입이 가능하므로 미리 등록해두는 편이 좋으며, 한국어 지원이 되지 않아 영어로 이용해야 하지만 사용 방법은 그다지 어렵지 않다.

디디 다음으로 배차가 빠른 서비스는 고(GO)와 우버 택시(Uber Taxi)다. 두 서비스는 애플리케이션을 설치하지 않고 이용 가능해 편리하다. 고(GO)는 카카오택시 애플리케이션을, 우버 택시는 우티(UT) 애플리케이션을 통해서 가능한데, 각 애플리케이션을 켜고 현 위치를 일본으로 잡는 순간 현지 서비스로 자동 전환되어 바로 이용 가능하다. 한국에서 사용했던 방식 그대로 카카오택시는 고(GO)를, 우티는 우버 택시(Uber Taxi)를 이용할 수 있어 따로 이용법을 익히지 않고도 사용할 수 있다. 참고로 디디와 우버 택시는 사전에 등록한 카드 결제와 현지 택시 기사를 통한 현금 결제가 가능하며, 카카오택시는 사전에 등록한 카드와 휴대폰 결제만 사용할 수 있다.

일부 편의점과 슈퍼마켓의 **계산 방식 변화**

트렌드 키워드에서 여전히 주목받고 있는 '비대면'은 일본의 일상생활에서도 큰 변화를 불러일으키고 있다. 처음부터 끝까지 모두 터치스크린 키오스크를 통한 셀프 계산대 방식을 적용하기보단 일부만을 차용해 일본만의 독특한 비대면 거래 방식을 도입한 곳이 늘어났는데, 대표적으로 세븐일레븐과 같은 편의점이나 라이프 등의 슈퍼마켓 등이 있다.

물건 구매 시 계산대에서 점원이 직접 바코드로 물건을 찍는 흐름까지는 종래 방식과 동일하나 다음 절차인 결제부터는 터치스크린 키오스크를 통해 구매자가 직접 진행해야 하는 점이 상이하다. 구매자는 최종 결제 금액을 보고 결제 수단을 고른 후 지불 방식에 따라 절차를 진행해야 한다. 현금으로 지불할 경우 키오스크 하단에 장착된 기계에 직접 돈을 넣어야 하며, 신용카드나 선불식 충전카드를 선택한 경우 기계 우측에 있는 결제 시스템을 통해 결제를 처리해야 한다. 결제에 어려움을 느낀다면 점원에게 도움을 요청하자.

화면에서 결제 방법을 선택
· 바코드결제
· 나나코(세븐일레븐카드)
· 현금
· 기타(간편결제)
· 신용카드
· 교통카드(스이카, 파스모 등)

현금 결제는 기기 하단 이용
동전은 좌측에,
지폐는 우측에 삽입.

신용카드나 선불식 충전카드는
기기 우측을 통해 결제

기타(간편결제 서비스인 페이 애플리케이션)를 선택한 경우
점원에게 바코드나 QR코드를
제시하여 결제 완료.

음식점 **예약 시스템** 활성화

내가 가는 음식점이 인기 맛집인지 판단하는 척도는 가게 앞에 길게 늘어선 대기줄이었다. 하지만 음식점의 예약 시스템이 활성화되면서 현재는 기나긴 대기 행렬을 찾아 볼 수 없는 맛집이 늘어나고 있다.

음식점의 공식 홈페이지나 구글 맵 정보의 예약 페이지 또는 타베로그(食べログ), 핫페퍼(HOT PEPPER), 구루나비(ぐるなび) 등 음식점 예약 전문 사이트를 통해 예약할 수 있으며 예약 가능 여부는 공식 홈페이지를 접속하거나 구글 맵 정보를 통해 예약란을 확인하면 알 수 있다. 음식점에 따라 외국인 관광객은 예약이 불가하거나 노쇼 방지를 위해 예약금을 받는 경우가 있으므로 꼼꼼히 확인하도록 한다.

Must Do List
이것만은 꼭 해보자

도쿄 타워
도쿄의 영원한 상징, 도쿄타워를 배경으로 사진찍기 P.54

시부야 스크램블 교차로
교차로가 한눈에 보이는 뷰포인트에 앉아 멋진 장관을 조망하기 P.42

도쿄역 & 마루노우치 나카 거리

100년 전 도쿄의 모습을 그대로 간직한 도쿄역 마루노우치 역사와
역 앞 마천루의 숲을 오가며 도쿄의 과거와 현재를 오가기 P.57, P.59

긴자 거리

동서남북으로 곧게 뻗은 거리마다 자리한 명품 브랜드 숍 구경하기 P.55

Must Do List
이것만은 꼭 해보자

시부야 스카이
시부야 스크램블 스퀘어 내에 있는 전망 시설 시부야 스카이에서
근사한 시부야 전경 감상하기 P.40

도쿄 스카이트리
도쿄의 새로운 심벌, 스카이트리 전망대에서
도쿄의 전경 감상하기 P.66

Must Do List
이것만은 꼭 해보자

오모이데요코초
70년 전 일본의 모습을 그대로 간직한 맛집 거리에서
꼬치구이와 술 한잔 즐기기 P.47

Must Do List
이것만은 꼭 해보자

아키하바라 전자상가
'오타쿠의 성지' 아키하바라에서 일본의 서브컬처 문화 경험하기 P.67

신주쿠
일본 최대의 번화가 신주쿠의 화려한 밤거리 만끽하기 P.46

金龍山

仲見世　仲見世

아사쿠사 센소지
도쿄의 옛 정취를 간직한 사찰 방문하기 P.64

우에노온시 공원
벚꽃이 만개한 공원 곳곳을 걸으며 힐링 타임 P.62

Must Eat List
도쿄를 맛보다

일본은 세계적인 미식 강국이다. 초밥, 회, 라멘 등 다채로운 음식 문화는 물론
이미 대중에게 익히 알려진 일식을 현지에서 제대로 맛보고 싶어 하는 이들도 적지 않을 터.
먹는 것만큼 그 나라의 문화를 손쉽게 파악할 수 있는 것은 없다.
일본 음식 산업의 중심지 도쿄에서 일본의 맛을 만끽해보자!

초밥
寿司(스시)

일본어로 스시라고 불리는 초밥은 한국인에게 가장 잘 알
려진 일본 음식일 것이다. 식초와 소금으로 간을 한 하얀 쌀
밥과 날생선이나 조개류를 조합한 것으로 일반적으로 알
려진 밥 위에 재료를 얹은 초밥을 니기리즈시(握り寿司)
라고 한다. 이외에 김밥과 형태가 비슷한 마키즈시(巻き寿
司), 밥과 재료를 김으로 감싼 원뿔형 초밥 테마키즈시(手
巻き寿司), 유부초밥 이나리즈리(稲荷寿司), 날생선과 달
걀 등을 뿌린 치라시즈시(ちらし寿司), 나무 사각 틀에 밥
과 재료를 넣어 꾹 누른 사각형 초밥 오시즈시(押し寿司),
성게나 연어 알 등을 밥에 얹어 김으로 감싼 군칸마키(軍艦
巻き) 등이 있다. 미국에서 시작된 것으로 게맛살, 아보카
도, 마요네즈를 넣어 돌돌 만 것을 캘리포니아롤(カリフォ
ルニアロール)이라고 하는데 일본에도 역수입되어 흔히
볼 수 있게 되었다.

Tip 재료로 알아보는 초밥 사전

재료	일어명, 발음	재료	일어명, 발음	재료	일어명, 발음
참치	マグロ, 마구로	꽁치	サンマ, 산마	오징어	イカ, 이카
참치살 중 지방이 많은 뱃살 부위	大トロ, 오오토로	가자미	カレイ, 카레이	문어	タコ, 타코
오오토로 이외에 지방이 적은 참치 부위	中トロ, 츄토로	방어	ぶり, 부리	성게	ウニ, 우니
붕장어	アナゴ, 아나고	새끼 방어	はまち, 하마치	갯가재	シャコ, 샤코
장어	ウナギ, 우나기	도미	たい, 타이	가리비	ホタテ, 호타테
연어	サーモン, 사아몬	잿방어	かんぱち, 칸파치	전복	アワビ, 아와비
고등어	サバ, 사바	넙치	ひらめ, 히라메	피조개	アカガイ, 아카가이
정어리	イワシ, 이와시	광어지느러미	えんがわ, 엔가와	연어 알	イクラ, 이쿠라
전갱이	アジ, 아지	새우	エビ, 에비	청어 알	かずのこ, 카즈노코
가다랑어	カツオ, 카츠오	게	カニ, 카니	달걀	たまご, 타마고

라멘
ラーメン

중국의 전통 음식인 라미엔(拉麵)이 일본으로 건너와 현재의 형
태로 발전한 면 요리. 알칼리성 염수 용액을 첨가한 간수로 밀가루
를 반죽한 중화면을 사용해 부드럽고 탄력이 있으며 노르스름한 색깔
이 특징이다. 육수는 일본식 간장인 쇼유(醬油), 일본식 된장 미소(味噌), 소
금(塩), 돼지 뼈(豚骨), 닭 뼈(鶏ガラ), 생선과 조개류(魚介) 등을 채소나 마른 생선
을 넣고 만든다. 면을 국물에 담고 반숙 달걀, 파, 차슈(チャーシュー, 돼지고기조림), 멘마(メンマ, 죽순을 유
산발효시킨 가공식품) 등 다양한 재료를 얹은 단순한 구성은 라멘만이 아닌 일본 면 요리의 특징으로 꼽힌다.

소바
そば

메밀가루로 면을 만들어 쯔유에 찍어 먹거나 육수에 넣어 먹는
요리다. 쯔유는 지역마다 만드는 방식이 다르나 일반적으로는 가
다랑어를 쪄서 말린 가츠오부시, 다시마, 표고버섯 등을 우려낸
육수에 간장, 설탕, 미림(みりん) 등을 넣어서 만든다. 소바는 크게
쯔유에 찍어 먹는 모리소바(もりそば)와 육수를 그릇에 부어 국물과
함께 먹는 카케소바(かけそば), 다양한 재료와 함께 볶아 먹는 야키소바(焼
きそば)로 나뉜다. 모리소바는 면발이 담긴 그릇에 따라 대발을 사용한 자루소바(ざるそば)와 사각형 나무 찜
통을 사용한 세이로소바(せいろそば)로 나눌 수 있다. 면발에 김이 올려져 있는 소바를 자루소바, 김이 없는
소바를 모리소바라고 부르는 가게도 있다. 또 순수 메밀가루로 만든 면을 키코우치(生粉打ち) 또는 주와리소
바(十割蕎麦)라 하며 밀가루와 메밀가루를 2:8 비율로 배합해 만든 면을 니하치소바(二八蕎麦)라고 한다.

우동
うどん

밀가루를 반죽하여 길게 늘어뜨린 면을 간장 육수에 넣어 먹는 요
리다. 일반적으로 알려진 국물과 함께 먹는 카케우동(かけうど
ん)과 소바처럼 면을 찬물에 행궈 대발에 올린 자루우동(ざるうど
ん), 소량의 간장소스나 쯔유를 뿌려 먹는 붓카케우동(ぶっかけうどん),
면을 볶아 먹는 야키우동(焼うどん)으로 나뉜다. 면 위의 재료나 국물에 따라
다양한 종류가 있는데, 튀김 부스러기를 올린 타누키(たぬき), 유부를 얹은 키츠네(きつね), 일본식 튀김을 올
린 텐뿌라(天ぷら), 쇠고기를 넣은 니쿠(肉), 걸쭉한 카레 국물에 우동면을 넣은 카레(カレー) 등이 있다.

돈부리
丼

일본 가정식의 대표 격인 돈부리는 밥 위에 반찬을 얹어 그대로
먹는 일본식 덮밥을 말한다. 간편한 한 끼 식사로 인기가 높으며
위에 올려진 반찬에 따라 이름이 달라진다. 대표적인 것으로는 소
고기를 얹은 규동(牛丼), 부타동(豚丼, 돼지고기), 텐동(天丼, 튀김),
오야코동(親子丼, 닭고기와 달걀), 카츠동(カツ丼, 돈카츠), 우나동(鰻
丼, 장어), 카이센동(海鮮丼, 해산물) 등이 있다.

오니기리
おにぎり

우리나라에서도 흔히 볼 수 있는 삼각김밥을 말한다. 같은 일본이
어도 도쿄와 오사카의 삼각김밥 또한 차이를 보이는데, 도쿄에서
는 전통적인 삼각 모양을 띠고, 오사카에서는 동그란 원형이나 타
원형의 가마니 모양이 주류이며, 오무스비(おむすび)라는 표현을
자주 사용한다. 밥 속에 들어가는 재료 중에 대표적인 것은 참치마요
네즈(ツナマヨネーズ), 새우마요네즈(海老マヨネーズ), 연어(鮭), 명란젓(明太子), 대구 알(たらこ), 가다랑
어포(おかか), 잔멸치(しらす), 갈비(牛カルビ), 다시마(昆布), 낫또(納豆) 등이 있다.

야키토리
焼き鳥

일본식 꼬치 요리. 우리나라의 꼬치와 마찬가지로 닭고기를 한입
사이즈로 자른 다음 나무 꼬치에 꽂아 직화구이한 것이다. 닭다리
살(もも, 모모), 닭가슴살(むね, 무네), 닭 껍질(皮, 카와), 닭고기와
파를 번갈아 끼운 것(ねぎま, 네기마), 닭의 횡경막(ハラミ, 하라미),
닭 꼬리뼈 주위살(ぼんじり, 본지리), 닭 연골(なんこつ, 난코츠), 닭의
간(レバー, 레바), 닭 날개(手羽先, 테바사키), 닭 염통(ハツ, 하츠), 다진 닭고기(つくね, 츠쿠네) 등 다양한 종
류가 있다. 야키토리 전문점뿐만 아니라 이자카야에서도 쉽게 볼 수 있다.

스키야키
すき焼き

일본식 전골인 나베 요리의 대표격. 얇게 썬 쇠고기와 양파, 두부,
버섯, 파 등의 재료를 냄비에 넣고 끓이면서 간장과 설탕으로 맛을
낸 것으로, 재료가 익으면 날달걀에 찍어 먹는다.

샤브샤브
しゃぶしゃぶ

나베 요리. 스키야키보다는 우리나라에서도 다양한
형태로 만나볼 수 있는 음식이다. 고기와 채소를 뜨
거운 육수에 넣어 익힌 다음 참깨 소스나 폰즈(ポン
酢)라고 하는 과즙 식초에 찍어 먹는다.

텐뿌라
天ぷら

튀김 요리의 최강자. 텐뿌라는 해산물, 채소를 밀가
루와 달걀 반죽을 입혀 튀긴 것으로 도쿄의 대표적인
향토 요리이다.

카레
카레

가장 대표적인 일본식 양식. 일본에서는 카레라이스(カレ
ーライス)라 불리는데 인도에서 직접 들어온 것이 아닌 메
이지(明治)시대 인도를 지배했던 영국해군에 의해 전해진 것
이라 한다. 향신료가 강한 인도의 카레와 달리 고기나 해산물, 채
소 등 재료의 풍미를 살린 매콤달콤한 맛이 특징이다.

돈카츠
とんかつ

영국에서 건너온 커틀릿(일본에서는 카츠레츠(カツレツ)
라 한다)을 일본 독자적인 스타일로 발전시킨 음식이다. 기본
적으로 커틀릿은 쇠고기나 양고기로 만드는데, 돼지고기로 만
든 커틀릿을 포크카츠레츠라고 하다가 돼지를 의미하는 한자
'돈(豚)'을 사용해 지금의 단어로 바뀌었다. 긴자(銀座)의 양식 전
문점 '렌가테(煉瓦亭)'가 돈카츠를 처음으로 만든 곳으로 유명하다.

오므라이스
オムライス

프랑스의 달걀 요리 오믈렛에 케첩을 섞은 밥을 더해 데미
그라스 소스를 끼얹어 먹는 것으로 오믈렛+라이스를 합친
조어이다. 1900년대 양식 전문점이 치킨라이스와 오믈렛
을 합친 음식을 제공하기 시작하면서 탄생한 음식이다. 동
쪽 칸토 지방은 긴자(銀座)의 렌가테(煉瓦亭)가, 서쪽 칸
사이(関西) 지방은 오사카(大阪) 신사이바시(心斎橋)의
홋쿄쿠세이(北極星)가 원조로 알려져 있다.

나폴리탄
ナポリタン

일본에서만 만날 수 있는 스파게티이다. 1920년대 요코하
마의 한 호텔의 총주방장이었던 이리에 시게타다(入江茂
忠)가 토마토, 양파, 마늘, 토마토 페이스트, 올리브 오일을
사용해 만든 양념을 고안한 것이 나폴리탄의 시작이다. 이후
고가의 토마토 대신 미군이 대량으로 들여온 케첩으로 스파게
티를 만들면서 큰 인기를 얻게 된다.

일본의 술

우리나라에서 사케(さけ)라 부르는 니혼슈(日本酒)(쌀을 원료로 한
양조주), 증류주를 베이스로 하여 과즙과 탄산을 섞은 츄하이(チュー
ハイ)와 위스키나 소주 등의 알코올 음료와 레몬, 키위, 라임, 매실 등
과 소다를 섞어 만든 칵테일의 일종인 사와(サワー)가 있다. 이밖에도
가장 인기 있는 술은 우리에게도 친숙한 맥주(ビール)(비루)이다. 일
반적으로 '나마비루(生ビール)'라고 칭하는 생맥주를 즐겨 마신다.

02
Must Buy List
내 손안의 도쿄

일본에서는 다양하고 세분화된 스타일, 희소성 있고 독특한 디자인, 기발한 아이디어와 뛰어난
효용성을 내세워 구매 욕구를 마구 자극하는 아이템들을 쉽게 찾아볼 수 있다.
뚜렷한 특징을 지닌 개성 강한 쇼핑 스폿이 많은 것도 도쿄 쇼핑의 최대 강점이다.
쇼퍼홀릭에겐 더할 나위 없는 최고의 쇼핑 성지 도쿄에서 눈 여겨 볼 만한 아이템을 소개한다.

생활용품

일본에는 세련된 디자인에 기발하
고 다양한 상품 구성, 합리적인 가
격까지 더해진 생활용품 전문점이
많다. 주요 생활용품점으로는 돈키
호테(ドン・キホーテ), 무인양품
MUJI(無印良品), 토큐핸즈(東急
ハンズ), 로프트(LoFt), 프랑프랑
(Francfranc) 등이 있다. 대부분 많
은 지점을 보유하고 있어 도쿄 번화
가에서 쉽게 접할 수 있다.

저가형 잡화

도쿄에는 실용적이고 쓰임새가 좋은 상품들이 모여
있는 잡화점이 많이 있다. 깜찍한 모양의 문구류와
모던한 디자인의 식기류부터 유명 캐릭터와의 협업
으로 탄생한 귀여운 캐릭터 상품까지 생활용품 전문
브랜드 부럽지 않은 아이템들이 가득하다. 대표 잡화
점으로는 캔두(CanDo), 다이소(ダイソー), 땡큐마
트(サンキューマート), 쓰리코인즈(3COINS), 세
리아(Seria), 내추럴 키친(NATURAL KITCHEN) 등
이 있다.

전자제품

일본에는 다양한 전자 브랜드의 상품을 한데 모아 판
매하는 가전제품 전문매장이 번화가 곳곳에 자리한
다. 일본 국내의 웬만한 전자 브랜드 상품들은 모두
만나볼 수 있으며, 샘플 기계가 비치되어 있어 직접
만져보고 사용해 볼 수도 있으며 전문 스태프들이 친
절하게 상품을 설명해준다. 대표적으로 빅카메라(ビ
ッグカメラ), 요도바시카메라(ヨドバシカメラ),
라비(LABI) 등이 있다. 카메라라는 이름이 붙었다 해
서 카메라만을 취급하고 있진 않으며 일본 국내의 웬
만한 전자 브랜드 상품들은 모두 만나볼 수 있다.

편의점&슈퍼마켓 상품

길거리에서 흔히 볼 수 있는 편의점과 슈퍼마켓은 도쿄 여행의 필수 코스다. 편의점의 대표적인 프랜차이즈로는 세븐일레븐(セブンイレブン), 패밀리마트(ファミリーマート), 미니스톱(ミニストップ)을 비롯해 로손(ローソン) 등이 있다. 고객이 많이 찾는 인기 상품을 위주로 깔끔하게 진열되어 있는 것이 특징이며 브랜드별로 오리지널 상품을 개발하고 판매하는데도 주력하고 있다. 이 중 디저트는 로손, 도시락은 세븐일레븐, 음료는 패밀리마트 등 분야별로 추천하는 품목이 다른 점도 재미있다. 슈퍼마켓 프랜차이즈로는 세이유(SEIYU), 라이프(ライフ), 이토요카도(イトーヨーカドー)를 꼽을 수 있다. 대형마트인 만큼 웬만한 상품은 모두 찾아볼 수 있으며 다양한 할인행사로 인해 생각지도 않은 '득템'을 할 수도 있다.

일본 오리지널 의류 브랜드

한국인에게 특히 인기가 높은 브랜드는 귀여운 하트 모양의 로고가 포인트인 '꼼 데 가르송(COMME des GARÇONS)', 반짝반짝 프리즘 컬러에 가방 모양을 자유롭게 변형시킬 수 있는 핸드백으로 유명한 '바오 바오 잇세이 미야케(BAO BAO ISSEY MIYAKE)', 일본 의류 브랜드 하면 떠오르는 스트리트와 모드 스타일을 동시에 충족시켜주는 '언더 커버(UNDER COVER)', 아방가르드 스타일에 트렌디함도 갖춘 '요지 야마모토(Yohji Yamamoto)' 등이 있다. 보통 백화점이나 대형 쇼핑센터에 입점해 있으며 아오야마, 오모테산도 등에 부티크를 운영하기도 한다.

드러그 스토어 아이템

일본 여행에서 빠질 수 없는 쇼핑의 묘미. 일본의 드러그 스토어에는 우리나라에서는 만나볼 수 없는 독특한 아이템이 많다. 일부 제품은 한국 드러그 스토어에서도 판매되고 있지만 현지에서 구입하는 것이 훨씬 저렴하다. 대표적인 프랜차이즈로는 마츠모토 키요시(マツモトキヨシ)를 비롯하여 아인즈앤토르페(アインズトルペ), 다이코쿠드러그(ダイコクドラッグ), 코코카라파인(ココカラファイン), 선드러그(サンドラッグ), 토모즈(トモズ) 등이 있다.

INFORMATION
일본 국가 정보

일본 열도 가운데 가장 큰 섬인 혼슈(本州)의 칸토(関東) 지방 남부에 위치한 도쿄는 일본의 수도이자, 정치, 경제, 문화의 중심지 역할을 하며 세계에서도 손꼽히는 메트로폴리스이다.

· **국가명** 일본(日本)
· **수도** 도쿄(東京)
· **인구** 123,223,561명(세계 11위), 도쿄 인구수는 14,042,127명
· **지리** 혼슈(本州), 홋카이도(北海道), 시코쿠(四国), 큐슈(九州) 등 4개의 큰 섬으로 이루어진 일본 열도(日本列島)와 이즈·오가사와라 제도(伊豆·小笠原諸島), 치시마 열도(千島列島), 류큐 열도(琉球列島)로 구성된 섬나라이다.
· **면적** 377,915km², 도쿄의 면적은 2,190.90km²
· **언어** 일본어
· **시차** 한국과 시차는 없다.
· **통화** ¥(엔)/¥100=약 905원 (2023년 10월 기준)
· **전압** 100v(멀티 어댑터 필요)
· **국가번호** 81
· **비자** 여권 유효기간이 체류 예정 기간보다 남아 있다면 입국은 문제없다. 그러나 여권 만료일 전까지는 일본을 출국해 한국에 반드시 귀국해야 하므로 이 점 명심하자. 최대 90일까지 무비자로 체류 가능하다.

날씨
우리나라와 마찬가지로 도쿄 역시 사계절이 뚜렷한 편이므로 선선한 날씨를 유지하는 3, 4월과 10, 11월이 여행하기 가장 좋은 시기이다. 여름이 시작되는 6월부터 8월 사이 낮 시간대는 살인적인 더위로 인해 몸과 마음이 지칠 수도 있어 많은 일정을 소화하기가 어렵다. 또한 6월에 집중되는 장마와 9월까지 계속되는 태풍은 여행자 최대의 적이다. 겨울은 추위가 느껴지긴 하나 서울보다는 덜 추운 편이다. 방한복이 필요할 만큼 혹한의 날씨라고 보기 어렵다.

공휴일
일본에서는 공휴일을 국민 모두가 축복하는 기념일이라 하여 '슈쿠지츠(祝日)'라 부른다. 공휴일이 연속적으로 집중되는 4월 하순과 5월 초순의 골든 위크(ゴールデンウィーク)(Golden Week), 9월 중하순의 실버 위크(シルバーウィーク)(Silver Week) 그리고 직장인의 휴가철인 8월 중순의 오봉(お盆)(일본의 명절)과 연말연시는 일본 최대의 여행 성수기이므로, 호텔 숙박비가 치솟고 예약도 어려워진다. 여행 시기의 선택지가 넓다면 가급적 이 시기는 피하는 것이 좋다. 공휴일과 주말이 겹치는 경우 대체 휴일이 적용되어 다음날이 휴일이 된다.

1.1 설날
1월 둘째 주 월요일 성인의 날
2.11 건국기념일
2.23 일왕탄생일
3.20 또는 3.21 춘분(春分)의 날
4.29 쇼와의 날
5.3 헌법기념일
5.4 녹색의 날
5.5 어린이날
7월 셋째 주 월요일 바다의 날
8.11 산의 날
9월 셋째 주 월요일 경로의 날
9.22 또는 9.23 추분(秋分)의 날
10월 둘째 주 월요일 체육의 날
11.3 문화의 날
11.23 노동 감사의 날

화폐 및 신용카드
화폐 종류
일본의 화폐 단위는 엔(¥, Yen)이 사용된다. 화폐 종류로는 1,000, 2,000, 5,000, 10,000엔 4가지 지폐와 1, 5, 10, 50, 100, 500엔 6가지 동전으로 구성되어 있다.
일본 현지에서의 카드와 간편 결제 사용이 늘어남에 따라 한국에서 무리하게 환전해가는 방식

이 옛말이 되었다. 더불어 트래블로그, 트래블월렛과 같은 선불식 충전카드가 인기를 끌면서 여행지에서 필요한 금액만큼만 사전에 충전하여 사용하는 이들도 늘어났다. 선불식 충전카드가 편리한 건 환전 수수료가 없고 충전 시 매매기준율로 환전되어 꽤 큰 비용을 아낄 수 있기 때문이다. 또한 큰 금액의 현금을 직접 소유할 필요가 없어 여행자의 부담도 줄어든다. 그러므로 여행지에서 사용 예정인 금액은 대부분 선불식 충전카드에 넣어두거나 충전할 수 있도록 따로 빼두자. 당장 필요할 때 사용할 수 있는 비상금 정도의 소액만 은행 애플리케이션을 통해 환전 신청 후 가까운 은행 영업점이나 인천공항 내 은행 환전소에서 수령하면 된다. 현지에서 현금이 필요하다면 트래블로그와 트래블월렛을 통해 ATM 출금을 하면 된다.

신용카드

개인이 운영하는 작은 상점 이외에 대부분 쇼핑 명소에는 신용카드 사용이 가능하지만, 음식점의 경우 아직은 카드 사용이 제한된 곳이 많다. 신용카드 브랜드 가운데 비자, 마스터 카드, 아메리칸 익스프레스, JCB, 은련카드(Union Pay)를 사용할 수 있다. 단, 해외에서 사용 가능한 카드인지 반드시 확인해 두어야 한다. 카드 사용 시 카드 뒤에 서명이 반드시 있어야 하고, 실제 전표에 사인할 때도 그 서명을 사용해야 한다. 주의할 점은 하트를 그리거나 서명과 다르게 사인한다면 결제를 거부당할 수도 있다. 신용카드의 현금서비스와 체크카드로 현금 인출을 하는 경우, 일본 우체국 유초은행(ゆうちょ銀行)과 세븐일레븐 편의점 내 세븐은행(セブン銀行)의 ATM에서 이용 가능하다. 트래블로그 카드인 경우 세븐은행(セブン銀行) ATM, 트래블월렛은 이온(イオン) ATM에서 인출할 경우 수수료 무료.

> **Tip** 가까운 ATM 찾기
> 현 위치에서 가장 가까운 ATM을 찾고 싶다면 구글맵 검색창에서 'seven atm'(세븐은행), 'aeon atm'(이온), 'yuucho atm'(우체국)을 입력하면 찾을 수 있다.

통신수단

로밍 서비스

현재 사용하는 통신사에서 로밍 서비스를 신청해 이용하는 것이다. 기간을 지정해 데이터를 무제한 사용할 수 있는 것으로 하루 9,900원~1만1,000원의 비용이 든다.

포켓 와이파이

휴대용 와이파이 단말기를 뜻하는 말로 스마트폰 크기의 기기를 소지하면서 와이파이를 무제한 사용할 수 있는 서비스. 저렴한 가격에 여러 명 혹은 여러 대의 기기가 하나의 포켓 와이파이에 동시 접속이 가능하다는 것이 강점으로 꼽힌다. 하지만 여행 최소 1주일 전에 예약을 해야 하고 임대 기기를 수령하고 반납해야 하는 단점이 있다. 또 기기를 항시 소지하며 배터리 문제를 신경 써야하는 점도 유의할 필요가 있다.

심카드

일본 국내 전용 유심칩(심카드; SIM Card)을 구입하는 것이다. 기존의 한국 유심칩이 끼워진 자리에 일본 전용 유심칩을 끼우고 사용설명서대로 설정을 하면 손쉽게 데이터를 이용할 수 있는 시스템이다. 온라인에서 판매하는 심카드는 보통 5~8일간 기준 1GB·2GB의 데이터는 5G·4G 속도로, 나머지는 3G속도로 무제한 이용할 수 있는 것이 일반적이다. 최근에는 유심칩을 별도로 끼우지 않아도 데이터 이용이 가능한 eSIM도 새롭게 등장했다. 온라인에서 상품을 구매한 다음 판매사에서 발송된 QR코드 또는 입력 정보를 통해 설치 후 바로 개통되는 시스템이다. 판매사에 기재된 방법대로 연결해야 하지만 그다지 어렵지는 않다. 단, 설치 시 인터넷이 연결된 환경에서만 개통 가능한 점을 명심하자. eSIM 사용이 가능한 단말기 기종이 한정적인 점도 아쉬운 부분이다. 유심과 eSIM은 일본에서도 구입 가능하나 여행 전 국내 여행사나 여행 예약 플랫폼에서 구입하면 더욱 저렴하다. 로밍 서비스는 SKT, KT, LG U+ 모두 실시 중이며 일부 알뜰폰에서도 로밍을 신청할 수 있다.

ACCESS
도쿄 입국 정보

가장 먼저 도쿄를 마주하는 곳, 바로 공항이다. 도쿄로 입국하기 위해선 나리타 국제공항과 하네다 공항 중 하나를 이용하게 된다.

1. 입국! Welcome to 도쿄

나리타 국제공항 成田国際空港(NRT)

도쿄 근교인 치바현에 위치한 공항으로, 도쿄 도심에서 북동쪽으로 약 70km 정도 떨어져 있다(1시간~1시간 반 가량 소요). 도심 공항인 하네다 국제공항의 수요가 넘쳐나자, 이를 해결하고자 1978년에 개항했다. 총 세 개의 터미널로 이루어져 있으며 각 항공사마다 이용하는 터미널이 다르다. 제1터미널은 대한항공, 아시아나항공, 전일본공수, 집에어 도쿄, 에어서울, 에어부산, 진에어, 피치항공이 발착하며 제2터미널은 일본항공, 이스타항공, 티웨이항공, 제3터미널은 제주항공이 발착한다. 특히 가장 넓은 제1터미널은 북윙(北ウィング)과 남윙(南ウィング) 두 구역으로 나뉘어 있는데 대한항공과 진에어는 북윙을, 나머지 항공사는 남윙을 이용하므로 귀국 시 주의해서 이동하도록 하자.

> **Tip** 터미널을 확인하자
>
> 항공사마다 이용하는 터미널이 다르다. 터미널 간 연결은 무료 연락버스를 통해 이동 가능하며, 각각 10분이 소요된다. 제2터미널과 제3터미널은 서로 통로로 연결되어 있어 도보로 이동할 수 있다. 도쿄에서 출국할 때 자신이 이용하는 항공사 터미널을 미리 숙지해야 시간을 효율적으로 이용할 수 있다.

하네다 공항 羽田空港(HND)

도쿄 도심 가까이에 있는 공항. 1978년 나리타 국제공항이 개항하면서 국제선 노선을 폐지시켰으나, 2000년대 초, 공항을 확장하면서 2010년 국제선 노선을 재개했다. 최근엔 미국, 유럽 등의 장거리 노선까지도 취항했다. 공항은 총 3개의 터미널(제1~3터미널)로 이루어져 있다.

입국 절차

> 검역
> ↓
> 입국 심사
> ↓
> 수하물 찾기
> ↓
> 세관 검사
> ↓
> 입국 게이트 도착

Visit Japan Web(VJW)

2023년 4월 29일부터 입국 심사, 세관 신고 정보를 온라인으로 미리 등록하여 각 수속을 QR코드로 대체하는 'Visit Japan Web' 서비스를 실시하고 있다. 입국 전 웹사이트에서 계정을 만들고 정보를 등록하면 된다. 탑승편 도착 예정 시각 6시간 전까지 절차를 완료하지 않았다면 서비스를 이용할 수 없으므로 주의하자. 일본 입국 당일 수속 시 QR코드를 제출하면 된다.

WEB vjw-lp.digital.go.jp/ko (한국어 지원)

> **Tip** 백신 접종 여부
>
> 2023년 5월 8일부터 백신 접종 유무와 상관없이 일본에 입국이 가능하다. 따라서 이후에 입국할 예정인 여행자는 Visit Japan Web 등록 시 백신 접종 증명서와 출국 전 72시간 이내 PCR 음성 증명서를 제출할 필요가 없다.

2. 나리타 국제공항에서 도쿄 시내로 들어가기

JR 선 JR線

나리타 익스프레스(成田エクスプレス)와 소부선 쾌속(総武線 快速) 전철 두 노선을 운행한다. 나리타 익스프레스(N'EX)는 나리타 국제공항과 도쿄역, 시나가, 시부야, 신주쿠, 이케부쿠로 간을 직통으로 연결하는 열차이다. 전 좌석 지정석으로 운영되며 운행 시간은 도쿄역 기준 59분, 가격은 편도 ¥3,070이다. 다른 이동 수단보다 비싼 편이지만 외국인 관광객을 대상으로 한 'N'EX 도쿄 왕복 티켓'을 구입하면 통상 왕복 요금 ¥6,140을 ¥5,000으로 할인해주므로 비교적 저렴하게 이용할 수 있다. 단, 유효기간은 14일이며 승차 전 미리 좌석을 예약하고 탑승해야 한다. 구입 시, 여권이 필요하다.

소부선 쾌속 전철은 도쿄역과 나리타 국제공항을 잇는 쾌속 열차로 약 90분 소요, 가격은 ¥1,342으로, 나리타 익스프레스보다 느린 대신 저렴하다.

[나리타 익스프레스] N'EX 도쿄 왕복 티켓 요금 현금 성인 ¥5,000, 어린이 ¥2,500 구입처 JR히가시니혼(동일본)여행서비스센터 JR EAST Travel Service Center, 미도리노마도구치 みどりの窓口 WEB www. jreast.co.jp/kr/pass/nex_round.html

[소부선 쾌속 전철] 요금 {현금} 성인 ¥1,340, 어린이 ¥670 {IC카드} 성인 ¥1,342, 어린이 ¥670 구입처 JR선 나리타쿠우코 成田空港 역(제1터미널), 쿠우코오다이니비루 空港第2ビル 역(제2터미널) WEB www. jreast.co.jp

케이세이전철 京成電鉄

스카이라이너(スカイライナー), 액세스특급(アクセス特急), 케이세이본선(京成本線) 쾌속특급·쾌속(快速特急·快速) 세 종류를 운행한다.
스카이라이너는 나리타 국제공항과 도쿄 도심 사이를 연결하는 노선 가운데 소요시간이 가장 짧다. 나리타 국제공항을 출발해 닛뽀리(日暮里)를 거쳐 우에노(上野)로 향하는 이 열차는 발착역에 따라 36분에서 45분이 소요된다. 전 좌

석 지정석이므로 특급 요금이 추가되지만 나리타 익스프레스보다 저렴하다.

액세스특급은 나리타 국제공항에서 케이세이전철의 닛뽀리, 우에노를 비롯해 토에이지하철(都営地下鉄) 아사쿠사(浅草) 선과 케이큐(京急) 선을 직통으로 운행하는 노선이다. 아사쿠사와 오시아게(도쿄스카이트리), 니혼바시와 시나가 그리고 하네다 공항을 이동할 때 편리하다. 특급 요금이 부가되지 않아 스카이라이너보다 저렴한 점이 장점.

케이세이본선은 후나바시(船橋)를 경유하여 닛뽀리, 우에노, 아사쿠사, 니혼바시 등을 연결하는 보통 열차다. 시간은 우에노 기준 최단 70분으로 다른 교통수단에 비교해 다소 시간이 걸리는 편이지만 편수가 많고 가격이 저렴하다는 장점이 있다.

[스카이라이너] 요금 {현금} 성인 ¥2,570, 어린이 ¥1,290, {IC카드} 성인 ¥2,557, 어린이 ¥1,278 구입처 케이세이전철 스카이라이너 승차권 발매카운터 WEB www.keisei.co.jp/keisei/tetudou/skyliner

[액세스특급] 요금 {현금} 성인 ¥1,240~, 어린이 ¥620~, {IC카드} 성인 ¥1,235, 어린이 ¥617 구입처 케이세이전철 스카이라이너 승차권 발매카운터 WEB www.keisei.co.jp/keisei/tetudou/skyliner

Tip 제3터미널 이용 시 주의할 점

제주항공이 발착하는 제3터미널은 JR 전철과 케이세이 전철이 운행하지 않는다. 따라서 도쿄 시내로 이동할 경우 반드시 제2터미널로 이동하여야 한다. 제3터미널에서 제2터미널까지는 연결 통로를 이용해 도보로 이동하는 방법과 무료 셔틀버스를 승차하는 방법이 있다. 도보로는 약 15분, 버스로는 약 10~15분이 소요된다. 공항 리무진 버스와 저가 고속버스를 이용할 경우, 제3터미널 전용승차장이 따로 마련되어 있으므로 제2터미널로 이동하지 않아도 된다.

[케이세이본선] 요금 [현금] 성인 ¥1,050~, 어린이 ¥520~, {IC카드} 성인 ¥1,042~, 어린이 ¥521~ **구 입처** 케이세이전철 스카이라이너 승차권 발매카운터 **WEB** www.keisei.co.jp/keisei/tetudou/skyliner

버스

나리타 국제공항 제1~3터미널에서 도쿄 시내 까지 운행하는 버스는 흔히 알려진 공항 리무진 버스와 최근 저렴한 가격을 내세운 저가 고속버 스가 있다.

공항 리무진 버스는 도쿄역, 신주쿠, 시부야, 롯 본기, 에비스, 아사쿠사 등 목적지가 다양하다는 점과 도쿄 디즈니 리조트, 요코하마, 사이타마 등 도쿄 이외에 지역으로의 이동도 용이하다는 점이 장점으로 꼽힌다. 하지만 다른 교통수단에 비해 ¥3,200이라는 비싼 가격과 극심한 교통 체증이 발생하는 출퇴근 시간에는 예상 소요 시 간인 80분보다 훨씬 늦어진다는 점이 단점이다. 나리타 국제공항과 도쿄역, 긴자 간을 운행하는 저가고속버스는 '에어포트버스 도쿄나리타(エ

アポートバス東京・成田)'가 있다. ¥1,300(심 야새벽편은 ¥2,600)이라는 저렴한 가격과 도 쿄 도심까지 1시간이면 도착한다는 점이 장점이 다. 단, 출퇴근 시간에 이용할 경우 예상 시각보 다 늦게 도착할 수 있으니 참고하자.

최근에는 공항과 시부야 역을 잇는 'LCB버스' 와 이케부쿠로 역을 잇는 '나리타셔틀 이케부 쿠로선(成田シャトル池袋線) 버스'가 등장하 여 더욱 편리해졌다. 두 버스 모두 일반 운임은 ¥1,900이지만 홈페이지를 통해 사전 예약하면 ¥1,500에 이용할 수 있다.

[나리타 공항 → 도쿄 시내 대중교통수단]

교통수단	목적지	가격	소요시간
리무진 버스	신주쿠, 시부야, 긴자, 히비야, 롯본기, 아카사카, 니혼바시, 히비야	¥3,200 (사전예약 ¥3,100)	105분 (신주쿠역 기준)
에어포트 버스 도쿄 나리타	도쿄, 긴자	¥1,300	70분(도쿄역 기준)
나리타 셔틀	이케부쿠로	¥1,900 (사전 예약 ¥1,500)	90분 (이케부쿠로역 기준)
LCB버스	시부야	¥1,900 (사전 예약 ¥1,500)	110분 (시부야역 기준)
나리타 익스프레스	도쿄, 시나가와, 시부야, 신주쿠, 이케부쿠로, 요코하마 등	¥3,070	50분 (도쿄역 기준)
스카이라이너	우에노, 닛뽀리	¥2,570	36분(닛뽀리 기준)
케이세이 액세스 특급	우에노, 닛뽀리	¥1,270	60분(닛뽀리 기준)
케이세이 본선 특급	우에노, 닛뽀리, 후나바시 등	¥1,050	75분(닛뽀리 기준)
JR 소부선 쾌속	도쿄역	¥1,342	90분(도쿄역 기준)

3. 하네다 공항에서 도쿄 시내로 들어 가기

도쿄모노레일 東京モノレール

하네다 공항과 하마마츠쵸(浜松町) 역을 연결하는 철도. 참고로 모노레일 하마마츠쵸 역은 JR 야마노테(山手) 선·케이힌토호쿠(京浜東北) 선과 토에이지하철(都営地下鉄) 오오에도(大江戸) 선·아사쿠사(浅草) 선 하마마츠쵸 역으로 환승할 수 있다. 보통 열차(普通列車) 승차 시 18분, 구간쾌속(区間快速)은 15분, 공항쾌속(空港快速)은 13분이 소요된다.

요금 (하네다 공항 국제선 터미널↔하마마츠쵸 역 기준) 성인 ¥500, 어린이 ¥250, {IC카드} 성인 ¥492, 어린이 ¥246 구입처 도쿄모노레일 하네다쿠우코오코쿠사이센비루 羽田国際空港国際線ビル 역 티켓 발매기 WEB www.tokyo-monorail.co.jp

케이큐 선 京急線

하네다 공항과 시나가와(品川) 역을 연결하는 철도. 케이큐 선 시나가와 역은 JR 야마노테(山手) 선·케이힌토호쿠(京浜東北) 선·토카이도(東海道) 선·우에노 도쿄라인(上野東京ライン) 시나가와 역으로 환승할 수 있다. 보통 열차(普通列車) 승차 시 26분, 에어포트 급행(エアポート急行)은 19분, 쾌특(快特)은 13분, 에어포트 쾌특(エアポート快特)은 11분이 소요된다.

요금 (하네다 공항 국제선 터미널↔시나가와 역 기준) 성인 ¥300, 어린이 ¥150, [IC카드] 성인 ¥292, 어린이 ¥146 구입처 케이큐 선 하네다쿠우코오코쿠사이센타아미나루 羽田国際空港国際線ターミナル 역 티켓 발매기 WEB www.keikyu.co.jp

버스

하네다 공항과 도쿄 시내를 연결하는 버스는 리무진 버스(リムジンバス)와 케이큐 버스(京急バス) 두 종류가 있다. 리무진 버스는 도쿄역, 신주쿠, 시부야, 이케부쿠로, 아키하바라, 키치죠지 등 30여 곳이 넘는 목적지의 정류소와 굵직한 호텔에 정차하며 케이큐 버스는 도쿄 역, 시부야, 키치죠지 간을 운행한다. 자신이 묵는 숙소에서 정류장이 가까울 경우 이용하면 매우 편리하다. 단, 출퇴근시간에는 교통 체증으로 인해 예상 도착 시각보다 지체될 수도 있다는 점을 참고하자.

요금 성인 ¥730~, 어린이 ¥390~ 구입처 리무진 버스 도착 로비 내 안내소 자동발매기, 케이큐 버스 버스 내 직접 구입 WEB 리무진 버스 www.limousinebus.co.jp, 케이큐 버스 www.keikyu-bus.co.jp/airport

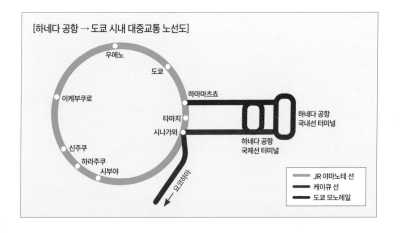

[하네다 공항 → 도쿄 시내 대중교통 노선도]

우에노
도쿄
하마마츠쵸
이케부쿠로
타마치
시나가와
신주쿠
하라주쿠
시부야
요코하마
하네다 공항 국내선 터미널
하네다 공항 국제선 터미널

━━ JR 야마노테 선
━━ 케이큐 선
━━ 도쿄 모노레일

TRANSPORTATION
지역 교통 정보

JR 선 JR線(전철)

JR히가시니혼(JR東日本)이 운영하는 도쿄의 대표적인 전철. 도쿄 시내외를 오가는 철도 회사 가운데 가장 많은 30개 노선을 운행 중이며 여행자가 즐겨 찾는 관광 명소 부근에 정차역이 있어 접근성이 매우 좋은 편이라 추천하는 교통수단이다. 특히 도쿄 중심부를 순환하는 야마노테(山手) 선과 도쿄의 동쪽과 서쪽을 가로지르는 츄오(中央) 선의 운행 현황을 잘 파악하면 도쿄의 웬만한 지역은 쉽게 이동할 수 있다. 야마노테 선=연두색, 츄오 선=주황색 등 각 노선마다 지정 색이 있어 색깔로도 쉽게 구별할 수 있다. 이동 거리에 따라 요금이 달라지는 방식으로, 다른 철도 회사 또한 이 방식으로 요금이 책정된다. 40분 이상의 장거리 구간을 이용할 경우 요금이 큰 폭(¥450~)으로 오르며 여행자를 위한 1일 승차권 또한 다른 철도 회사에 비해 조금 비싼 편이다.

기본 요금 {현금} 성인 ¥140, 어린이 ¥136, {IC카드} 성인 ¥133, 어린이 ¥68 운행 시간 04:39~00:35 **WEB** www.jreast.co.jp/kr

지하철 地下鉄

JR 선과 함께 추천하는 교통수단. 도쿄도교통국(東京都交通局)이 운영하는 지하철은 도쿄 메트로(東京メトロ)와 토에이지하철(都営地下鉄) 두 종류로 되어있다. 도쿄메트로는 긴자(銀座) 선, 마루노우치(丸ノ内) 선, 토자이(東西) 선 등 총 9개 노선, 토에이지하철은 오오에도(大江戸) 선, 미타(三田) 선 등 총 4개의 노선으로 이루어져 있다. 아사쿠사(浅草), 스카이트리(スカイツリー), 긴자(銀座), 롯본기(六本木) 등 JR 선이 정차하지 않는 지역을 오갈 수 있다는 점이 큰 장점으로 꼽힌다. JR 선과 마찬가지로 노선마다 색이 지정되어 있으며 여기서 한 발 더 나아가 각 역마다 번호도 지정되어 있으므로 한자로 된 역명을 일일이 확인해야 하는 번거로움을 덜 수 있다. 기본요금과 단거리 요금은 JR 선보다 다소 비싼 편이나 장거리의 경우 ¥300~으로 비교적 저렴한 편이다.

> **Tip** 전철과 지하철 이용 시 명심해야 할 점
> 철도 회사마다 부가하는 요금이 다르다는 점을 명심하자. JR 전철과 지하철 도쿄메트로를 동시에 이용했을 경우, JR 전발역과 환승역 사이의 요금, 환승역과 지하철역 사이의 요금이 별도로 부가된다. 또한 똑같은 역명일지라도 JR 전철과 지하철은 각각 다른 역사를 이용한다. 예를 들어 JR 신주쿠 역과 도쿄메트로 신주쿠 역의 플랫폼은 상당히 떨어져 있어 환승하려면 꽤 긴 시간이 소요된다. 되도록이면 같은 철도 회사의 역을 이용하는 것이 저렴하며, 환승 시 어려움이 적다.

[도쿄메트로] 기본 요금 {현금} 성인 ￥170, 어린이 ￥90, {IC카드} 성인 ￥166, 어린이 ￥82 운행 시간 05:00~00:15 **WEB** www.tokyometro.jp/lang_kr/index.html

[토에이지하철] 기본 요금 {현금} 성인 ￥180, 어린이 ￥90, {IC카드} 성인 ￥174, 어린이 ￥87 운행 시간 05:00~00:57 **WEB** www.kotsu.metro.tokyo.jp/kor

사철 私鉄

앞서 소개한 교통수단 외에도 도쿄 도내에는 수많은 사철이 운행되고 있다. 하지만 사철마다 다른 시스템으로 운행되며, 방식 또한 매우 복잡한 편이므로 사실 모든 노선을 정확하게 파악하기란 어렵다고 볼 수 있다. 때문에 가고자 하는 목적지를 기준으로 하여 운행 노선과 정차역만을 알아두는 것이 여러모로 효율적이다. 이번 여행이 초행길이라면, 아래 Tip 만큼은 알아두자.

> **Tip** 관광 명소로 알아보는 사철
> · 나리타 국제공항(成田国際空港)과 도쿄 시내 연결 → 케이세이(京成) 선
> · 하네다 공항(羽田空港) 연결 → 도쿄모노레일(東京モノレール)
> · 오다이바(お台場) 연결 → 유리카모메(ゆりかもめ)
> · 하코네(箱根)와 에노시마(江ノ島)(카마쿠라(鎌倉)) 지역 운행 → 오다큐(小田急) 선
> · 키치죠지(吉祥寺)와 시모키타자와(下北沢) 정차 → 케이오(京王) 선
> · 지유가오카(自由が丘)와 다이칸야마(代官山) 정차 → 토큐토요코(東急東横) 선

버스 バス

도쿄에서 버스는 메인 교통수단이라기보다는 전철과 지하철로 가기에 애매한 거리나 철도역에서떨어져 있는 목적지를 이동할 때 이용하면 좋다. 도쿄 시내를 달리는 대표적인 버스는 토에이버스(都営バス)이다. 장거리 노선보다는 단거리 노선 위주로 운영하며 우리나라와 비교했을 때 느린 속도로 안전운행을 하는 것이 특징이다. 요금은 일반적으로 거리와 상관없이 일률￥210(성인 기준, 초등학생 이하는 ￥110)이며 IC 교통카드를 이용하면 조금 할인된다. 우리나라처럼 앞문으로 타서 요금을 내고 뒷문으로 내리는 방식이다.

택시 タクシー

운행 거리 1.096km당 ￥500이며, 기본 운행 거리 1.096km를 넘어설 경우, 255m마다 ￥100씩 가산된다. 또 도로 정체로 인해 시속 10km 이하로 운행 시 정차하는 시간을 감안해 1분 35초마다 ￥100이 가산된다. 손을 들어 택시가 서면 저절로 문이 열리는 자동문 시스템이다.

Plus 도쿄 이동의 필수품 IC 교통카드

도쿄에서 교통패스를 사용하지 않고 대중교통을 이용하려면, 선불교통카드인 IC 교통카드를 구입하는 것이 편리하다. 이동할 때마다 일일이 티켓을 구입해야 하는 번거로움을 덜 수 있음은 물론, 일부 교통수단은 요금 할인까지 적용 받을 수 있기 때문이다.

도쿄에서 발급받을 수 있는 IC 교통카드는 JR 히가시니혼(JR東日本)에서 발행하는 '스이카(Suica)'와 철도 회사 9곳이 공동으로 발행한 '파스모(PASMO)' 두 종류가 있다. 두 카드 모두 도쿄에서 운행하는 전철(우리나라의 KTX 개념인 신칸센(新幹線) 제외), 지하철, 버스 등 대부분의 대중교통수단에서 사용 가능하다.

2023년 10월 현재 외국인 여행자가 쉽게 구입 가능했던 무기명 스이카와 파스모는 판매 중지되어 당분간 구할 수 없게 되었다. 대신 파스모가 발행하는 우대 특전이 포함된 방일 외국인 여행자 전용 IC Card 승차권 '파스모 패스포트(PASMO PASSPORT)'는 판매 중이므로 이를 구매하도록 하자. 케이세이 전철(京成電鉄) 나리타공항 제1, 2, 3터미널역과 하네다 공항 제1, 2, 3터미널역 인포메이션센터역을 비롯해 도쿄메트로 신주쿠, 긴자, 우에노, 이케부쿠로, 메이지진구마에(하라주쿠)역에서 판매 중이니 참고하자. 또한 애플워치 또는 아이폰 이용자라면 애플페이를 통해서도 모바일 파스모와 스이카를 발급받을 수 있다.

스이카   파스모

Tip 스이카 활용법

스이카는 도쿄뿐만 아니라 일본 전국 대부분의 대중교통에서 사용가능한 교통카드이다. 충전은 JP전철역 티켓 자동발매기와 편의점 카운터에서 가능하다. 교통카드 기능 외에도 편의점, 슈퍼마켓, 백화점, 드러그스토어, 서점, 상업시설에서 결제카드로도 이용할 수 있다. 주요 사용처는 아래와 같다.

					생활용품	무인양품
편의점	세븐일레븐	카페	스타벅스			
	패밀리마트		도토루			마츠모토키요시
	로손		KFC		드러그스토어	웰시아
	미니스톱	패스트푸드	맥도날드			산드러그
	뉴데이즈		미스터도넛			코코카라파인
슈퍼마켓	이토요카도		마츠야	패션잡화	ABC마트
	이온몰		요시노야	서점	키노쿠니야
종합쇼핑	돈키호테		스키야	가전	빅카메라

※ 최신 IOS가 설치된 아이폰8 시리즈 이후 기종과 애플 워치3 시리즈 이후 모델에서는 애플 지갑에 Suica 또는 PASMO를 추가할 수 있다. 추가 시 지역 설정을 잠시 일본으로 해야 한다는 번거로움이 있지만 카드 소지에 불편함을 겪는 이라면 시도할 만하다.

+Plus 추천! 도쿄의 교통패스

1. 도쿄프리티켓 東京フリーきっぷ

도쿄 23구 내 JR 선 보통·쾌속 전철을 비롯해 지하철, 토에이버스
(都営バス), 토덴(都電), 닛뽀리·토네리라이너(日暮里·舍人ライナ
ー)를 하루 종일 자유롭게 이용할 수 있는 일일 승차권. 당일 자정
이 지나도 막차까지 유효하다.

요금 성인 ￥1,600, 어린이 ￥800 **구입처** 23구 내 JR·지하철역 티켓 자동발
매기 **WEB** www.jreast.co.jp/kr/pass/tokyo_free.html

2. 도쿄 서브웨이 티켓 Tokyo Subway Ticket

외국인 여행자를 대상으로 한 티켓으로 도쿄메트로(東京メト
ロ)와 토에이지하철(都営地下鉄) 전 노선을 24~72시간 이내에
무제한으로 이용할 수 있다. 여타 1일 승차권과 달리 티켓을 개
시한 시각부터 24·48·72시간 유효하다. 예를 들어 24시간권
을 11:00부터 사용했을 경우 다음날 11:00 이전까지 티켓을 사
용할 수 있다. 지하철 티켓 자동발매기에서 판매 중인 '토에이지
하철·도쿄메트로 공통 일일승차권(都営地下鉄·東京メトロ共
通一日乗車券)'은 당일에 한해 유효하며, 가격도 비싼 편이므로 이 티켓을 구입하는 것이 훨씬 이득
이다. 구입 시 여권이 반드시 필요하다.

요금 [24시간] 성인 ￥800, 어린이 ￥400, [48시간] 성인 ￥1,200, 어린이 ￥600, [72시간] 성인 ￥1,500, 어린이
￥750 **구입처** 나리타 국제공항 제1·2여객터미널 케이세이버스 티켓팅 카운터, 하네다 공항 국제선 여객터미널 관
광정보센터, 빅카메라(신주쿠·시부야·이케부쿠로·유락초지점), 라옥스(신주쿠·아키하바라·긴자지점), HIS투어
리스트 인포메이션센터(신주쿠·긴자·하라주쿠·시부야·우에노·아키하바라·롯본기·이케부쿠로) **WEB** www.
tokyometro.jp/kr/ticket/value/travel/index.html

3. 토쿠나이패스 都区内パス

도쿄 23구 내 JR 선 보통·쾌속 전철을 하루 종일 무제한 이용할 수
있는 티켓. 야마노테(山手) 선, 츄오(中央) 선 등 JR 선을 주로 이용
할 경우 추천한다. 당일 자정이 지나도 막차까지 유효하다.

요금 성인 ￥760, 어린이 ￥380 **구입처** 23구 내 JR 역 티켓 자동발매기, 인포
메이션센터 '미도리노마도구치 みどりの窓口' **WEB** www.jreast.co.jp/kr/
pass/tokunai_pass.html

4. 도쿄메트로 24시간권 東京メトロ24時間券

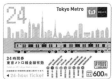

도쿄메트로 전 노선을 개시부터 24시간 동안 이용할 수 있는 티
켓. 발매일로부터 6개월 이내에 24시간 이내에 한해 유효한 예매
권과 발매일 당일 개시한 시각부터 24시간 유효한 당일권 두 종류
가 있다.

요금 성인 ￥600, 어린이 ￥300 **구입처** [예매권] 도쿄메트로 정기권 발매소,
[당일권] 도쿄메트로 티켓 발매기 **WEB** www.tokyometro.jp/kr/ticket/value/1day/index.html

+Plus 도쿄의 주요 관광지를 지나는, 야마노테선

여행 계획을 세우면서 가장 먼저 파악해야 하는 것이 그 도시의 교통 사정이다. 익히 알려져 있는 사실이지만 도쿄의 노선도는 보기만 해도 머리가 아파올 정도로 복잡하다. 실타래마냥 얽히고 설킨 노선도를 보고는 지레 겁을 먹고 포기하기 일쑤지만, JR 전철 야마노테(山手) 선을 숙지하면 조금은 걱정을 덜 수 있을 것이다. 야마노테 선은 서울의 2호선과 같은 순환선으로 시부야, 하라주쿠, 우에노, 도쿄역 등 도쿄의 주요 관광 명소를 거쳐가 여행자에게 여러모로 편리한 노선이다.

· 야마노테선 주요 역과 인근 관광 명소

신주쿠 新宿 역
시부야, 이케부쿠로와 함께 도쿄 3대 부도심에 속하는 지역. 백화점, 대형 쇼핑센터, 브랜드 숍, 레스토랑 등 즐길 거리가 빼곡히 자리한다.
[대표 명소] 도쿄도청, 카부키쵸

에비스 恵比寿 역
세련된 부티크와 센스 있는 잡화점이 옹기종기 모여있는 스타일리시한 지역. 이 지역에 본거지를 두고 있는 에비스 맥주에서 지역 이름을 따 왔다.
[대표 명소] 에비스 가든 플레이스

이케부쿠로 池袋 역
도쿄 3대 부도심 중 하나로 대형 쇼핑센터, 백화점 등이 빼곡히 자리한다. 서브컬처의 발달과 실내형 오락시설이 늘어나면서 아키하바라에 이은 마니아들의 핫플레이스로 급부상했다.
[대표 명소] 선샤인시티, 오토메로드

Tip 노선 방향을 확인하자
야마노테선은 순환형 노선이기 때문에, 열차 탑승 전 노선 방향을 확인하고 타는 것이 좋다. 노선도를 보고 현재 자신이 위치한 역에서 목적지 역까지 시계 방향(소토마와리 外回り) 노선을 탑승하는 것이 좋은지, 시계 반대 방향(우치마와리 内回り) 노선을 탑승하는 것이 좋은지 미리 숙지하자.

하라주쿠 原宿 역

스트리트패션의 발신지. 항상 많은 인파로 붐벼 발 디딜 틈이 없을 정도이지만, 독특하면서도 개성적인 옷차림을 한 사람들을 구경하는 것만으로도 흥미진진하다.

[대표 명소] 타케시타 거리, 메이지신궁

시부야 渋谷 역

도쿄를 대표하는 번화가이자, 도쿄 3대 부도심에 속하는 지역. 일본의 최신 유행은 이곳에서부터 시작된다고 해도 과언이 아니다.

[대표 명소] 시부야 스크램블 교차로, 시부야 스크램블 스퀘어(시부야 스카이), 미야시타 파크

닛뽀리 日暮里 역, 시나가와 品川 역

나리타 국제공항, 하네다 공항에서 바로 연결되는 노선이 있어 교통이 편리한 지역. 닛뽀리 역에서는 스카이라이너로 나리타 국제공항까지 바로 연결(우에노까지 연결)되며, 시나가와 역은 케이큐 선으로 하네다 공항까지 연결된다.

우에노 上野 역

도심 속에 자리한 거대 녹지 공간인 우에노온시 공원부터 동물원, 다양한 아트 스폿과 서민적인 풍경까지 도쿄의 다양한 모습을 모두 볼 수 있는 지역.

[대표 명소] 우에노온시 공원, 아메요코

아키하바라 秋葉原 역

세계 유수의 전자상가들이 밀집한 지역. 애니메이션, 게임, 아이돌 마니아들의 성지로 불리우는 '오타쿠의 성지'.

[대표 명소] 아키하바라전자상가

도쿄 東京 역

일본 정치, 경제, 문화의 중심지로, 일본의 대표적인 비즈니스 지역이다. 에도 시대의 자취가 남아있는 코쿄와 고층 빌딩이 어우러져 있어 도쿄의 과거와 현재를 모두 느껴볼 수 있다.

[대표 명소] 도쿄스테이션시티, 코쿄

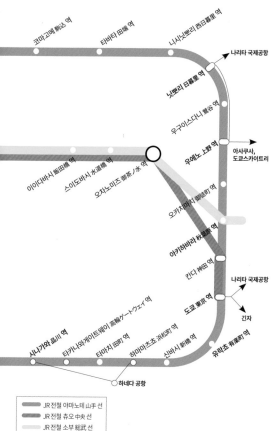

코마고메 駒込 역
타바타 田端 역
니시닛뽀리 西日暮里 역
나리타 국제공항
닛뽀리 日暮里 역
우구이스다니 鶯谷 역
우에노 上野 역
아사쿠사, 도쿄스카이트리
이이다바시 飯田橋 역
스이도바시 水道橋 역
오차노미즈 御茶ノ水 역
오카치 御徒町 역
아키하바라 秋葉原 역
칸다 神田 역
나리타 국제공항
도쿄 東京 역
긴자
시나가와 品川 역
타카나와게이트웨이 高輪ゲートウェイ 역
타마치 田町 역
하마마츠초 浜松町 역
신바시 新橋 역
유락쵸 有楽町 역
하네다 공항

JR전철 야마노테 山手 선
JR전철 츄오 中央 선
JR전철 소부 総武 선

일정별 도쿄 추천 일정

비즈니스 여행자를 위한 반나절 코스

출장으로 온 비지니스 여행자라면 이동시간이 10분 내외로 짧고 동선을 최소화하여 움직여야 일정을 효율적으로 소화할 수 있다. 짧은 반나절의 일정이지만 도쿄의 매력을 충분히 만끽할 수 있도록 코스를 구성했다.

일수	일정 내용
반나절	나리타/하네다 공항 입국 → **시부야로** 이동, **시부야 스크램블 교차로/시부야 스카이/미야시타 파크** 관광 & 점심 식사 → **요요기 공원**까지 도보로 걸으며 산책 → **하라주쿠 & 오모테산도**에서 쇼핑 및 디저트 즐기기 → **롯본기힐즈**에서 저녁 식사 후 도쿄 야경 만끽하기

스톱오버 1일 코스

1일 여행자를 위한 도쿄 여행의 하이라이트만으로 구성한 코스다. 스톱오버 여행자라면 나리타 공항에서 시내로의 이동이 가장 관건인데, 케이세이 스카이라이너를 타고 우에노로 이동해 관광을 시작하고 나리타 공항으로 향하는 셔틀버스 탑승지인 긴자 혹은 도쿄역에서 하루를 마무리한다면 이보다 더 완벽한 동선은 없다.

일수	일정 내용
1 DAY	나리타 공항 입국 → 스카이라이너를 타고 **우에노 역** 도착 → 우에노 **아메요코** 상점가 구경 및 점심 식사 & **우에노온시 공원**에서 힐링 타임 → 아사쿠사로 이동 후 **센소지&나카미세 거리** 관광 → **도쿄역 앞 전망 명소**에서 도쿄역 전망을 바라보며 저녁 식사 → 긴자로 이동, 쇼핑 즐기기 → 긴자 역에서 공항행 버스 탑승 → 공항 도착

짧은 휴가를 위한 1박 2일 코스

시부야, 롯본기, 신주쿠, 아사쿠사 등 도쿄의 핵심 명소를 돌아보는 코스. 짧은 일정이지만 도쿄의 매력을 충분히 느낄 수 있는 코스다.

일수	일정 내용
1 DAY	나리타/하네다 공항 입국 → **시부야 스크램블 교차로/시부야 스크램블 교차로/시부야 스카이/미야시타 파크** 구경 및 점심 식사 → **롯본기힐즈**에서 디저트 즐기기 → **도쿄타워** 관람 → **신주쿠**에서 저녁 식사 후 숙소 이동
2 DAY	숙소 출발 → **도쿄스카이트리** 전망대 관람 → 아사쿠사로 이동해 **센소지** 구경 → 나리타/하네다 공항 도착

짧은 휴가를 위한 2박 3일 코스

도쿄하면 떠오르는 상징적인 명소들을 모아 3일 코스로 구성했다. 시간여행을 하듯 대도시와 옛 모습을 그대로 간직한 전통 거리를 오가는 이채로운 경험을 선사한다.

일수	일정 내용
1 DAY	나리타/하네다 공항 입국 → **하라주쿠로** 이동, **메이지 신궁** 구경 → **타케시타 거리로** 이동해 점심 식사 및 디저트 즐기기 → **오모테산도힐즈에서** 쇼핑 → **시부야로** 이동 후 **시부야 스크램블 교차로/시부야 스크램블 교차로/시부야 스카이/미야시타 파크** 구경 및 저녁 식사 → 숙소 이동
2 DAY	숙소 출발 → **도쿄스카이트리 전망대** 관람 → 도쿄스카이트리의 상업시설인 **도쿄소라마치** 구경 → 아사쿠사로 이동 후 **나카미세 거리** 구경 및 점심 식사 → **센소지** 관람 → 스미다 강 수상버스 탑승 → 오다이바에서 하차 후 **오다이바해변공원에서** 휴식 즐기기 → **다이버시티 도쿄 플라자/덱스도쿄비치/아쿠아시티오다이바/팔레트타운** 등 오다이바 주요 쇼핑시설을 둘러 보면서 쇼핑 및 저녁 식사 → 숙소 이동
3 DAY	숙소 출발 → **도쿄도청** 전망대 관람 → **신주쿠 역** 인근 관광 후 식사 → 공항 도착

짧은 휴가를 위한 3박 4일 코스

도쿄의 유행을 선도하는 트렌디한 명소들을 자연스러운 흐름으로 돌아보는 코스다. 쇼핑 시간을 고려해 어느 정도 여유 있는 일정으로 구성했다.

일수	일정 내용
1 DAY	나리타/하네다 공항 입국 → **도쿄역으로** 이동 후 **도쿄역 1번가** 또는 **마루노우치 나카 거리에서** 점심 식사 → **킷테에서** 쇼핑 및 도쿄 역사 전망하기 → **긴자로** 이동, **긴자 거리** 둘러보기 → **긴자 식스에서** 쇼핑 즐기기 → 숙소 이동
2 DAY	숙소 출발 → **하라주쿠로** 이동, **타케시타 거리** 구경 → **오모테산도힐즈에서** 쇼핑 및 점심 식사 → **도쿄미드타운** 둘러보기 → **롯본기힐즈** 관광 → **도쿄타워** 도쿄 야경 관람 → 숙소 이동
3 DAY	숙소 출발 → **지유가오카로** 이동, **라 비타 & 쿠혼부츠죠신지** 구경 → **나카메구로** 메구로 강을 따라 걷다가 점심 식사 → **다이칸야마로** 이동, **다이칸야마 티사이트에서** 문화 생활 & 커피 즐기기 → **에비스 맥주기념관** 견학(2023년까지 임시 휴업) → **에비스 가든 플레이스에서** 저녁 식사와 함께 야경 즐기기 → 숙소 이동
4 DAY	숙소 출발 → **키치죠지로** 이동, **지브리 미술관** 관람 → 키치죠지 역 근처에서 점심 식사 → **이노카시라 공원에서** 힐링 타임 → **신주쿠로** 이동, 신주쿠 역 **뉴우먼에서** 기념품 쇼핑 → 공항 이동

테마별 도쿄 추천 일정

맛있는 음식을 먹는 것이야말로 여행의 묘미! 도쿄 미식 여행(2박 3일)

새 단장을 마친 토요스 시장에서 회와 초밥을 먹고 멋스러운 긴자에서 디저트와 경양식을 즐기며 첫날을 마무리한다. 둘째 날은 도쿄의 핫플레이스에서 모닝커피로 하루를 시작하고 도쿄가 낳은 명물, 몬자야키와 세계적인 파티시에가 만든 디저트를 맛보자. 여행의 마지막 밤이 아쉽다면 이자카야를 방문해도 좋다.

일수	일정 내용
1 DAY	나리타/하네다 공항 입국 → **토요스 시장**에서 **회덮밥 또는 초밥**으로 점심 식사 → **긴자**로 이동 후 맛있는 **디저트 타임**, 저녁에는 역사 깊은 **일본식 양식집**에서 **포크커틀릿**으로 저녁 식사 → 숙소 이동
2 DAY	숙소 출발 → 커피와 갓 나온 빵으로 구성된 **모닝세트**로 아침 식사 → **츠키시마**로 이동해 도쿄의 명물 **몬자야키** 즐기기 → **롯본기**에서 커피&디저트 타임 → **신주쿠 오모이데요코초**에서 꼬치와 함께 사케와 맥주로 여독 달래기 → 숙소 이동
3 DAY	숙소 출발 → **이케부쿠로**에서 **라멘**으로 점심 식사 → **우에노**로 이동해 **우에노온시 공원**을 돌다가 **일본식 디저트** 즐기기 → **아메요코** 상점가에서 **길거리 음식**으로 간식 타임 → 공항 도착

온 가족이 함께 즐길 수 있는 가족 테마 여행(2박 3일)

도쿄의 나들이 명소인 오다이바를 시작으로 터줏대감인 센소지와 우에노 동물원을 거쳐 어엿한 관광지로 자리 잡은 지브리 미술관까지 둘러본다면 볼거리, 즐길 거리, 맛집, 쇼핑까지 모든 가족 구성원을 만족시키는 일정이 될 것이다.

일수	일정 내용
1 DAY	나리타/하네다 공항 입국 → **오다이바**로 이동, **오다이바해변공원** 산책하기 → **다이버시티 도쿄플라자**로 이동해 건물 앞 **오다이바 건담** 관람 → 식사 후 **후지TV** 전망대에 올라 오다이바 전망 관람 또는 **덱스도쿄비치**에서 테마파크 체험하기 → 숙소 이동
2 DAY	숙소 출발 → **도쿄스카이트리** 전망대에서 도쿄 전경 관람 → **아사쿠사 센소지**둘러보기& 점심 식사 → **우에노 동물원** 구경 및 **우에노온시 공원** 산책하기 → **이케부쿠로 선샤인수족관** 관람하기
3 DAY	숙소 출발 → **키치죠지**로 이동 → **지브리 미술관** 관람하기(사전 예약 필요) → **이노카시라온시 공원**에서 힐링 타임&키치죠지 역 근처에서 식사 → 공항 도착

핫한 아이템을 내 손에! 2박 3일 쇼핑 투어

도쿄의 대표 쇼핑 명소인 세 지역을 완전 정복하는 코스다. 공항에서 가까워 이동도 편리하다. 고급 쇼핑가 긴자를 시작으로 트렌디하고 개성 있는 거리 신주쿠까지 하루에 걸쳐 쇼핑 명소들을 둘러봐도 좋다. 마지막 날 공항으로 이동하기 전 시부야에서 기념품과 생활용품을 구매하면 완벽한 일정 마무리!

일수	일정 내용
1 DAY	나리타/하네다 공항 입국 → 긴자의 핫한 쇼핑 명소, **긴자미츠코시&긴자 식스**에서 쇼핑 타임 → **긴자 거리**를 따라 걸으며 각종 브랜드 숍 구경하기(문구 덕후라면 **이토야 추천!**) → **토큐플라자긴자** 구석구석 둘러보기 → 숙소 이동
2 DAY	숙소 출발 → **신주쿠**로 이동, 뉴우먼에서 쇼핑 타임 → **루미네**로 이동해 가성비 높은 패션 아이템 쇼핑 또는 **타카시마야타임즈스퀘어**에서 쇼핑 및 점심식사 → **이세탄** 백화점에서 기념품 쇼핑&간식으로 당 충전 → **신주쿠마루이**로 이동. 요즘 유행하는 핫한 의류&잡화 아이템 쇼핑 → 숙소 이동
3 DAY	숙소 출발 → **시부야 히카리에**에서 시부야 전경을 즐기며 쇼핑 즐기기 → 점심 식사 후 **시부야 돈키호테**에서 기념품 및 저렴한 가격에 생활용품 쇼핑하기 → 공항 도착

Travel tip

시간적 여유가 있다면 함께 방문해 볼만한 여행지

미식 여행 도쿄 명물 몬자야키의 격전지, 츠키시마 月島

도쿄의 명물 요리 몬자야키(もんじゃ焼き)의 본거지. 지하철 츠키시마 역에서 나오면 보이는 '니시나카 거리 상점가(西仲通り商店街)'에 70여 군데의 몬자야키 전문점이 들어서 있다. 어느 곳에 가더라도 맛, 서비스, 가격이 비슷한 편이니 마음이 이끄는 대로 들어가보자.
가는 방법 도쿄메트로 東京メトロ 유락쵸 有楽町 선, 토에이지하철 都営地下鉄 오오에도 大江戸선 츠키시마 月島 역 하차 후 7번 출구

테마 여행 80년대 일본 서브컬처의 성지, 시모키타자와 下北沢

키치죠지에서 조금 떨어진 곳에 위치한 1940~1980년대 중고 의류와 잡화를 취급하는 빈티지 숍과 라이브 하우스, 개성 있는 카페와 음식점들이 모여 있는 동네. 특히 카레 전문점이 눈에 띄게 많아 카레의 격전지로도 불린다. 줄임말을 좋아하는 일본인 사이에서는 '시모키타(下北)'라고 부른다.
가는 방법 케이오 京王 전철 또는 오다큐 小田急 전철 시모키타자와 下北沢 역 하차

시부야 주변의 떠오르는 핫플레이스, 오쿠시부 奥渋谷

시부야에서 더 안쪽으로 깊숙이 들어간 곳이라는 의미인 '오쿠시부(奥渋谷)'는 요요기공원과 시부야 사이에 있는 카미야마쵸(神谷町)와 토미가야(富ヶ谷) 지역을 일컫는다. 복잡하고 정신 없는 중심가를 벗어나 조용한 주택가에서 느긋하게 산책을 즐기고 싶다면 탁월한 선택지가 될 것이다.
가는 방법 도쿄메트로 東京メトロ 치요다 千代田 선 요요기공원 代々木公園 역 출구로 나오면 바로

지역별 여행 정보

ATTRACTION
도쿄의 볼거리

시부야

시부야 스카이 SHIBUYA SKY

2019년 11월 1일에 새로 문을 연 복합시설 시부야 스크램블 스퀘어(渋谷スクランブルスクエア) 내에 있는 전망 시설. 14층부터 45층 사이 전망대로 이동하며 빛의 공간을 체험하는 '스카이 게이트(SKY GATE)', 야외 전망 공간인 '스카이 스테이지(SKY STAGE)', 46층 실내 전망 회랑인 '스카이 갤러리(SKY GALLERY)'로 구성되어 있다. 높이 229m 상공에서 360도 파노라마로

최고의 시부야 경치를 감상할 수 있다. 특히 야외 전망 공간에서는 투명 유리창을 통해 시부야의 상징적인 풍경인 스크램블 교차로를 내려다볼 수 있으며, 해먹에 누워서 도쿄의 하늘을 올려다볼 수 있는 휴게 시설이 마련되어 있다. 밤이 되면 조명과 음악을 이용한 연출이 이루어져 근사한 야경도 선사한다. 시간의 흐름을 시각화한 영상과 바깥 조망이 어우러진 실내 전망 회랑 역시 빼놓지 말고 둘러보자.

지도 P.135-C2 ▶ **발음** 시부야스카이 **주소** 渋谷区渋谷2-24-12 **전화** 03-4221-0229 **운영** 10:00~22:30 **요금** 성인 ¥1,800, 중·고등학생 ¥1,400, 초등학생 ¥900, 만 3~5세 ¥500 **가는 방법** JR전철 시부야 渋谷 역 중앙 동쪽 개찰구에서 도보 1분 **WEB** www.shibuya-scramble-square.com/sky

미야시타 파크

ミヤシタパーク

도쿄 최고 번화가에 자리하면서
도 평범하기 그지없던 공원이 도
쿄 올림픽 개최에 맞춰 재개발을
감행했다. 자연이 풍부한 공원의
기능은 그대로 두되, 새로운 자극
과 화제를 이끌어내는 상업시설
과 쾌적하고 아늑한 분위기의 호
텔을 갖춘 곳으로 새롭게 탈바꿈
했다. 옥상공원에는 전망 테라스
를 비롯해 멋스러운 카페와 스케
이트장이 있으며, 루이뷔통과 구
찌, 발렌시아가, 프라다, 무스너클
등 유명 명품 브랜드 부티크가 즐
비한 쇼핑 공간도 인기가 있다. 식
당가는 최근 유행 트렌드인 레트
로를 가미해 옛 일본의 풍경을 재
현한 인테리어로 눈길을 끈다.

▶ 지도 P.135-C1 ▶ 발음 미야시타파아크 주소 渋谷区神宮前6-20-10 전화 03-6712-5630 운영 08:00~23:00(매장마다 상이) 가는 방법 JR전철 시부야 渋谷 역 미야마스자카 宮益坂口 출구에서 도보 3분 WEB miyashita-park.tokyo

시부야 스트림 渋谷ストリーム

시부야 지역의 대대적인 재개발이 진행됨에 따라 대규모 복합시설이 속속 등장하고 있는 와중에 등
장한 곳이다. 30여 개의 상업 점포와 호텔, 사무실, 라이브 공연장이 한데 모여 있으며, 개방감이 느
껴지는 광장과 시부야 강을 따라 형성된 산책로도 있어 시부야의 다양한 모습을 발견할 수 있다.

▶ 지도 P.135-C3 ▶ 발음 시부야스토리이무 주소 渋谷区渋谷3-21-4 운영 매장마다 상이 가는 방법 JR전철 시부야 渋谷
역 남쪽 출구에서 도보 1분 WEB shibuyastream.jp

시부야 스크램블 교차로 渋谷スクランブル交差点

도쿄의 상징적인 풍경으로 자리매김한 교차로. 시부야 역 앞에 위치한 이곳은 하루 50만 명, 1회 최대 3,000명이 오가는 일본 최대 규모의 교차로다. 신호등이 초록불로 변하는 순간 동서남북에서 갑자기 파도처럼 보행자들이 밀려오면서 어디에서도 볼 수 없는 멋진 장관이 펼쳐진다. 특히 할리우드 영화 〈사랑도 통역이 되나요?〉 〈점퍼〉 〈바벨〉 등에서 배경으로 등장하면서 서양인 여행자들 사이에서는 필수 코스로 꼽는다.

교차로의 멋진 풍경을 한눈에 조망할 수 있는 뷰포인트로는 큐프런트(QFRONT)의 2층 '스타벅스 시부야 츠타야점', 복합시설 마크 시티(Mark City)의 연결 통로, 록시탕 카페(L'OCCITANE Café) 2층 등이 있다.

지도 P.134-B2 ▶ 발음 스크람브루코오사텐 주소 渋谷区JR渋谷駅ハチ公口前 가는 방법 JR 전철 시부야 渋谷 역 하치코 ハチ公 출구 앞

시부야 역 앞 대표적인 만남의 장소,
하치코 동상 忠犬ハチ公像.

센터 거리 センター街

시부야의 대표적인 번화가. 여느 거리와 마찬가지로 쇼핑 명소와 맛집이 줄지어 있는 평범한 상점가이지만, 이곳이 특별한 이유는 1990~2000년대 시부야를 중심으로 젊은 여성들이 이끌었던 유행 중 하나인 갸루(ギャル) 문화의 발신지라는 점이다. 이 때문에 10~20대가 주로 즐겨 찾는 '젊음의 거리'라는 이미지가 강하다. 한때 수많은 사건 사고가 난무하여 불량배들이 모이는 장소로 유명했으나 건전한 거리 조성을 위해 경찰과 상점가 조합의 노력에 힘입어 현재는 평일 5~6만 명, 주말은 7~8만 명이 방문할 만큼 안전한 번화가로 개선되었다.

지도 P.134-B2 ▶ 발음 센타가이 주소 渋谷区宇田川町 가는 방법 JR 전철 시부야 渋谷 역 하치코 ハチ公 출구에서 도보 1분

코오엔 거리 公園通り

시부야 역과 요요기 공원을 잇는 큰 거리. 1973년 패션몰 빌딩 파르코(PARCO)가 문을 연 것을 계기로 이 거리는 자연스레 '공원 거리'를 뜻하는 코오엔도오리로 불리게 되었다. 거리 초입에 자리한 마루이(マルイ)를 시작으로 디즈니 스토어, 무인양품(無印用品), 애플 스토어, 파르코 그리고 유명 셀렉트 숍이 밀집한 진난(神南) 지역까지 관광객을 현혹하는 각종 브랜드 스토어가 즐비하다. 연말연시가 되면 밤마다 가로등과 나무에 달린 전구들이 반짝이는 일루미네이션이 펼쳐져 로맨틱한 분위기를 자아낸다.

지도 P.134-B1 ▶ 발음 코오엔도오리 주소 渋谷区神南1 가는 방법 JR 전철 시부야 渋谷 역 하치코 ハチ公 출구에서 도보 2분

하라주쿠, 오모테산도, 아오야마

메이지신궁 明治神宮

메이지 일왕(明治天皇)과 쇼켄 왕후(昭憲皇太后)를 모시는 신사. 하라주쿠라는 도쿄의 대표적인 관광지에 위치하고 있어 여행자에게는 이견이 없는 필수 코스로 꼽힌다. 넓은 경내는 전국에서 기증된 10만 그루의 거목으로 인공 삼림이 조성되어 있으며 그 면적만 도쿄돔의 15배인 70만㎡에 달한다. 도시에서는 좀처럼 보기 드문 멸종 위기의 생물들과 234종의 식물이 서식하는 이 거대 숲은 현지인과 관광객의 휴식 공간으로서의 역할도 톡톡히 하고 있다. 이곳으로 향하는 참도(参道)는 남쪽과 북쪽, 서쪽 총 3곳이 있는데 JR 전철 하라주쿠 역에서 진구다리(神宮橋)를 건너 12m 높이의 커다란 오오토리이(大鳥居)를 지나는 남쪽 참도를 통하는 것이 일반적이다.

지도 P.136-A1 **발음** 메이지진구 **주소** 渋谷区代々木神園町1-1 **전화** 03-3379-5511 **운영** 일출~일몰, 연중무휴 **요금** 무료 **가는 방법** JR 전철 하라주쿠 原宿 역 오모테산도 表参道 출구에서 도보 1분 **WEB** www.meijijingu.or.jp

타케시타 거리 竹下通り

하라주쿠의 젊음을 상징하는 대표 거리. 하라주쿠 역 타케시타 출구(竹下口)로 나오면 바로 이어지는 큰 골목을 말한다. 주로 10~20대 초반의 연령층이 선호하는 중저가 패션 브랜드 숍이 밀집해 있다. 이 거리의 대표적인 먹거리인 '크레페'를 비롯해 다양한 길거리 음식이 즐비하다. 거리를 따라 유명 크레페 전문점 '마리온크레페(マリオンクレープ)'를 비롯해 약 7개의 점포가 운영 중이다. 항상 많은 인파로 붐벼 발 디딜 틈이 없지만, 젊은 청춘들의 패션 트렌드와 독자적인 문화를 엿볼 수 있어 구경하는 것만으로 흥미진진하다.

지도 P.136-A1·B1 **발음** 타케시타도오리 **주소** 渋谷区神宮前1 **가는 방법** JR 전철 하라주쿠 原宿 역 타케시타 竹下 출구에서 도보 1분

캣스트리트 キャットストリート

하라주쿠의 장난감 천국 키디랜드(キデイランド)와 세련된 상업시설 자일(GYRE) 사이에 위치한 골목에서 시작해 시부야 미야시타공원(宮下公園)까지 이어지는 약 1km 되는 길의 애칭이다. 1964년 도쿄올림픽을 맞이해 시부야 강(渋谷川)을 덮어버린 다음 만든 길로 이름에 고양이를 뜻하는 캣이 붙여진 연유는 '고양이 이마만큼 좁은 골목이라서', '고양이가 많은 거리라서', '블랙캣이라는 밴드가 탄생한 곳이라서' 등 다양한 설이 있으나 확실하게 밝혀진 것은 없다.

잘 정비된 평평한 길 위에는 패션 브랜드의 부티크부터 하라주쿠 내에서도 입소문이 자자한 맛집, 분위기 좋은 카페, 아기자기한 아이템을 모은 잡화점 등이 자리한다. 하라주쿠에서 시부야 혹은 시부야에서 하라주쿠로 넘어갈 때 이 길을 통해서 가는 것을 추천한다.

지도 P.136-A2·B2·A3 발음 캇또스토리이토 주소 渋谷区神宮前4~6 가는 방법 JR 전철 하라주쿠 原宿 역 타케시타 竹下 출구에서 도보 7분

네즈미술관 根津美術館

일본의 국보와 중요 문화재가 다수 전시되어 있는 미술관. 철도왕이라 불리며 토부 전철, 난카이 전철 등의 회장을 역임한 네즈 카이치로(根津嘉一郎)의 소장품을 보존, 전시하기 위해 설립한 곳이다. 일본을 비롯한 아시아의 고전 미술작품을 중심으로 회화, 조각, 자기 등 7,400여점을 소장하고 있다. 작품 감상 외에도 본관 건물과 1층 입구에 마련된 정원에도 주목해보자. 2009년 신축한 본관은 일본을 대표하는 건축가 쿠마 켄고(隈研吾)가 설계한 것으로 정원, 건축, 예술작품이 하나로 융합된 환경친화적인 장

소인 점을 강조했다. 정원은 일본의 대표 정원양식이자 연못을 중심으로 한 지천회유식정원(池泉廻遊式庭園)으로 여느 사찰 못지않은 아름다움을 뽐어낸다.

지도 P.137-D3 발음 네즈비쥬츠칸 주소 港区南青山6-5-1 전화 03-3400-2536 운영 10:00~17:00(마지막 입장 16:30), 월요일(공휴일인 경우 화요일)·연말연시·전시 교체 기간 휴무 요금 [특별전] (온라인 예약) 성인 ￥1,500, 고등학생 ￥1,200, (당일 창구 구매) 성인 ￥1,600, 고등학생 ￥1,300, 중학생 이하 무료, [기획전] (온라인 예약) 성인 ￥1,300, 고등학생 ￥1,000, (당일 창구 구매) 성인 ￥1,400, 고등학생 ￥1,100, 중학생 이하 무료 WEB www.nezu-muse.or.jp

신주쿠

도쿄도청 東京都庁

신주쿠의 랜드마크이자 무료로 도쿄의 전망을 즐길 수 있는 명소. 도쿄도(東京都)를 관할하는 행정기관으로 제1 본청사와 제2 본청사, 도의회 의사당으로 이루어져 있다. 모든 이에게 개방된 전망실은 지상 202m 높이의 제1 본청사 건물 45층에 위치하는데 건물 정면에서 바라봤을 때 왼쪽에 있는 남전망실(南展望室)과 오른쪽에 있는 북전망실(北展望室) 두 곳으로 되어 있다. 남전망실은 도쿄타워를 비롯한 롯본기(六本木)와 긴자(銀座)의 탁 트인 경치를 만끽할 수 있고 멀리 도쿄스카이트리(p.66)까지 보인다. 북전망실은 고층 빌딩 숲으로 둘러싸인 신주쿠와 요요기(代々木)의 풍경이 펼쳐지며 12~2월 사이에는 날씨가 좋으면 후지산도 보인다. 현재 북전망실은 백신접종센터로 운영 중이므로 전망실 이용은 불가능하다. 대신 남전망실이 오전 9시 30분부터 밤 10시까지 입장이 가능하다. 청사 1층 로비에 전망실 전용 엘리베이터를 이용하면 바로 올라갈 수 있다.

남전망실에서는 도쿄스카이트리도 보인다

지도 P.138-A2 ▶ **발음** 토오쿄오토쵸 **주소** 新宿区西新宿2-8-1 東京都庁第一本庁舍45F **전화** 03-5320-7890 **운영** 남전망대 09:30~22:00(마지막 입장 21:30), 북전망대 당분간 휴업 중, [남전망대] 첫째·셋째 주 화요일(휴일인 경우 다음 날)·12/29~31·1/2~3 **휴무** **요금** 무료 **가는 방법** 토에이지하철 都営地下鉄 오오에도 大江戸 선 토쵸마에 都庁前 역 A3·A4 출구에서 바로 연결 **WEB** www.yokoso.metro.tokyo.jp/page/tenbou.htm

카부키쵸 歌舞伎町

일본에서 제일가는 환락가. 음식점, 술집, 영화관, 카페 등 흔히 번화가에서 볼 수 있는 상업시설은 물론 일본식 유흥업소의 일종인 캬바쿠라와 호스트클럽, 파친코, 러브호텔 등 음지에 있을 법한 것들이 적나라하게 영업 중이다. 밤새도록 반짝거리는 네온사인과 여기저기 고객을 불러들이는 호객꾼들, 거리를 오가는 수많은 사람으로 인해 '잠들지 않는 거리'라고도 불린다. 최근 몇 년 사이 다양한 신명소들이 문을 열면서 위험하고 음침한 분위기에서 재미있고 신선한 거리로 변모하고 있다. 일본의 밤 문화를 느끼고 싶다면 카부키쵸를 방문해 보자. 단, 심야 시간대보다는 저녁 시간대에 가는 것을 추천한다.

카부키쵸 1번가로 더 친숙한 극장거리 劇場通り 입구

카부키쵸의 메인 거리인 센트럴로드 セントラルロード

지도 P.139-C1 ▶ **발음** 카부키쵸 **주소** 新宿区歌舞伎町 **가는 방법** JR전철 신주쿠 新宿 역 동쪽 출구에서 도보 5분

신주쿠토호빌딩 新宿東宝ビル

엔카(演歌)의 전당이라 불렸던 신주쿠코마극장(新宿コマ劇場)과 영화관인 신주쿠플라자극장(新宿プラザ劇場)이 노후되자 이를 허물고 다시 지은 높이 130m의 고층 건물이다. 1층은 각종 레스토랑이 즐비하며 3층부터 6층까지는 대형 영화관 토호 시네마즈(TOHO CINEMAS)가, 8층부터 30층까지는 비즈니스호텔 호텔그레이서리신주쿠(ホテルグレイスリー新宿)가 자리한다. 주목해야 할 부분은 신주쿠의 상징으로 자리매김한 '고질라헤드(ゴジラヘッド)'. 8층 야외테라스에 우뚝 선 12m의 조형물은 일본 괴수 영화의 대표작 〈고질라(ゴジラ)〉의 매력을 알리기 위해 제작됐다.

정면으로 보이는 고층
건물이 신주쿠토호빌딩   고질라헤드

지도 P.139-C1 ▶ **발음** 신주쿠토오호오비루 **주소** 新宿区歌舞伎町1-19-1 **가는 방법** JR 전철 신주쿠 新宿 역 동쪽 출구에서 도보 7분 **WEB** www.toho.co.jp/shinjukutoho

신주쿠교엔 新宿御苑

신주쿠와 요요기(代々木), 센다가야(千駄ヶ谷) 지역에 걸쳐 조성된 거대한 녹지 공원. 1906년 왕실정원으로 만들어졌으나 1949년 국민 공원으로 운영하기로 하고 일반인에게 공개되었다. 공원 곳곳마다 프랑스식 정원(フランス式整形庭園), 영국풍 정원(イギリス風景式庭園), 일본 정원(日本庭園) 등으로 분류하여 각각 다른 양식의 특색 있는 공간으로 꾸며 놓았다. 봄에는 약 65 종류의 벚꽃 1,100그루가 장관을 이룬다.

지도 P.139-D3 ▶ **발음** 신주쿠교엔 **주소** 新宿区内藤町11 **전화** 03-3341-1461 **운영** [3/15~6/30·8/21~9/30] 09:00~18:00(마지막 입장 17:30), [7/1~8/20] 09:00~19:00(마지막 입장 18:30), [10/1~3/14] 09:00~16:30(마지막 입장 16:00), 월요일(공휴일인 경우 다음날 휴무)·12/29~1/3 휴무, ※특별개원기간 3/25~4/24, 11/1~15 무휴 **요금** 성인 ¥500, 고등학생·65세 이상 ¥250, 중학생 이하 무료 **가는 방법** 도쿄메트로 東京メトロ 마루노우치 丸の内 선 신주쿠교엔마에 新宿御苑前 역 1번 출구에서 도보 5분 **WEB** fng.or.jp/shinjuku

오모이데요코쵸 思い出横丁

신주쿠 역 서쪽 출구 부근 상점가. 낮에는 평범한 골목길이지만 밤이면 이자카야로 변한다. 추억이라는 의미의 일본어 '오모이데'란 이름에서 느껴지듯 역사는 1940년대 중반부터 시작되었다. 당시 거리의 노점과 포장마차에서 판매했던 닭꼬치(焼き鳥, 야키토리)와 곱창구이(モツ焼き, 모츠야키)가 주메뉴. 일본의 옛 정취를 느낄 수 있어 외국인 관광객에게 인기가 높다.

지도 P.138-B2 ▶ **발음** 오모이데요코쵸 **주소** 新宿区西新宿1 **운영** 점포마다 상이 **가는 방법** JR 전철 신주쿠 新宿 역 서쪽 출구에서 도보 3분 **WEB** shinjuku-omoide.com

에비스, 다이칸야마, 나카메구로

에비스 가든 플레이스 恵比寿ガーデンプレイス

에비스를 상징하는 복합시설. 삿포로 맥주(サッ
ポロビール) 공장이 있던 부지를 재개발하여 백
화점, 오피스타워, 미술관, 영화관, 호텔 등이 들
어와 하나의 큰 타운을 형성했다.

가든 내 둘러보면 좋은 곳으로는 에비스 가든
플레이스타워(恵比寿ガーデンプレイスタワー),
센터플라자(センタープラザ), 가든광장(ひろ
ば) 등을 꼽을 수 있다. 가든플레이스타워는 지

가든플레이스 중앙 광장

상 40층 높이의 고층 건물로 이곳의 랜드마크적인 존재이다. 가든 플레이스타워 38층에는 에비스의
전망을 내려다볼 수 있는 무료 전망 공간인 스카이 라운지(スカイラウンジ)가 마련되어 있는데, 밤이
되면 멀리서 반짝반짝 빛나는 도쿄타워와 함께 환상적인 야경을 감상할 수 있어 데이트 코스로도 인
기가 높다. 가든 플레이스 중앙에 있는 광장은 주변 직장인들의 휴식 공간이자 다양한 이벤트가 열리
는 특설무대이다.

지도 P.141-D3 발음 에비스가아덴프레이스 주소 渋谷区恵比寿4-20-7 전화 03-5423-7111 운영 매장마다 상이 가
는 방법 JR 전철 에비스 恵比寿 역 동쪽 출구에서 도보 5분 WEB gardenplace.jp

세계적인 셰프 조엘 로뷔송의 프렌치 레스토랑.
프랑스의 성을 떠올리는 외관이 인상적이다.

식당가에서 바라보이는 도쿄타워의 야경 모습

에비스 맥주기념관 임시휴업
ヱビスビール記念館

샷포로 맥주(サッポロビール)의 프리미엄 브랜드 '에비스 맥주(ヱビスビール)'의 역사를 소개한 박물관. 기념관 왼편에 마련된 에비스갤러리(ヱビスギャラリー)에서는 실제 모형과 사진 등의 자료를 통해 1890년 탄생부터 현재까지의 발자취를 엿볼 수 있다. 무료로 자유롭게 견학이 가능하지만 유료 투어를 신청하면 진행자의 안내로 40분간 에비스 맥주에 관한 설명을 들을 수 있으며 두 종류의 맥주를 시음할 수도 있다. 단, 가이드는 일본어와 영어로만 진행되며 한국어, 영어, 중국어로 번역된 안내지를 별도로 배포하고 있다. 리뉴얼 개관을 위해 임시 휴업 중이다.

지도 P.141-D3 ▶ 발음 에비스비이루키넨칸 **주소** 渋谷区恵比寿4-20-1 **전화** 03-5423-7255 **운영** 휴업 중(~2023년 연말) **요금** 무료, 유료 투어 20세 이상 ¥500, 중학생~19세 ¥300(소프트드링크 포함), 초등학생 이하 무료 **가는 방법** JR 전철 에비스 恵比寿 역 동쪽 출구에서 도보 5분 **WEB** www.sapporobeer.jp/brewery/y_museum

다이칸야마 티사이트 代官山T-SITE

책, 영화, 음악과 같은 문화 콘텐츠를 통한 풍부한 생활방식을 제안하는 상업시설. 음악 CD와 영화 DVD 대여점으로 시작한 츠타야(TSUTAYA)의 원점이라 할 수 있는 츠타야서점(蔦屋書店)을 주축으로 카페, 레스토랑, 전문점 등이 한데 모여 있다. 이곳의 중심인 츠타야서점은 지금은 어른이 된 1983년 창업 당시의 츠타야점 이용객에게 다시 한 번 다가가자는 의미에서 만들어졌다. 30여 년이 지난 지금도 변함없이 수준 높은 문화생활을 즐길 수 있도록, 젊은 층의 취향도 적극 반영한 세련된 공간을 지향한다.

지도 P.140-B2 ▶ 발음 다이칸야마티사이토 **주소** 渋谷区猿楽町16-15 **전화** 03-3770-2525 **운영** 07:00~23:00, 연중무휴 **가는 방법** 토큐토요코 東急東横 선 다이칸야마 代官山 역 서쪽 출구에서 도보 4분 **WEB** real.tsite.jp/daikanyama/

메구로 강 目黒川

세타가야구(世田谷区)를 시작해 메구로구(目黒区), 시나가와구(品川区)를 통과하는 약 8km의 강. 봄철이 되면 소메이요시노(ソメイヨシノ)라 불리는 왕벚나무 800그루가 만개해 아름다움을 뽐낸다. 특히 메구로 강의 상류인 이케지리오오하시(池尻大橋) 역 부근부터 중류인 나카메구로(中目黒) 역을 거쳐 하류인 메구로(目黒)역까지 이어지는 3.5km의 구간은 일본 내에서도 으뜸을 다툴 만큼 유명한 벚꽃 명소이다. 3월 하순부터 4월 초순까지 벚꽃이 절정을 이루는 시기에 강변에서는 벚꽃축제가 열리며 18:00부터 21:00 사이에는 환하게 조명을 비추는 라이트업도 진행된다.

지도 P.140-A2 **발음** 메구로가와 **주소** 目黒区目黒川 **가는 방법** 토큐토요코 東急東横 선 나카메구로 中目黒 역 정면 출구에서 2분

나카메구로코카시타 中目黒高架下

전철과 지하철이 지나는 나카메구로(中目黒) 역 고가철도 아래를 활용한 상업시설. 유텐지(祐天寺) 역 방향으로 A부터 L구역까지 700m 거리에 약 30여 개 업체가 입점해있다.

나카메구로 역 정면 출구 건너편에 자리한 츠타야서점(蔦屋書店)을 시작으로 의류 브랜드, 후쿠오카에서 큰 인기를 얻고 있는 우동 이자카야, 서서먹는 불고기, 갤러리와 정식집이 하나된 음식점까지 일본의 최신 외식 트렌드를 반영한 곳이 들어서있다.

지도 P.140-B2 **발음** 나카메구로코카시타 **주소** 目黒区上目黒1~3 **운영** 매장마다 상이, 부정기 휴무 **가는 방법** 토큐토요코 東急東横 선 나카메구로 中目黒 역 출구에서 바로 연결 **WEB** nakame-koukashita.tokyo

지유가오카

라 비타 LA VITA

이탈리아의 물의 도시 베네치아를 모델로 한 쇼핑 공간. 주택가 사이를 배회하다가 순간 이동한 것처럼 갑자기 눈앞에 이국적인 풍경이 펼쳐지는데, 유럽풍 건물과 운하, 곤돌라까지 베네치아의 모습을 아담하지만 충실히 재현해놓았다. 카페, 잡화점, 미용실 등 6개의 점포가 작은 마을을 형성하고 있다. 생각보다 규모가 작고 볼거리가 풍성한 편도 아니므로 너무 많은 기대를 하고 가면 실망이 클 수도 있다. 낮보다 로맨틱한 분위기가 배가되는 해 질 무렵 또는 저녁에 방문하는 것을 추천한다.

지도 P.142-A1 ▶ 발음 라비이타 주소 目黒区自由が丘 2-8-2 전화·운영 점포마다 상이 가는 방법 토큐 東急전철 토큐토요코 東急東横 선, 오오이마치 大井町 선 지유가오카 自由が丘 역 정면 출구에서 도보 3분

쿠혼부츠죠신지 九品仏浄真寺

주택가 사이에 자리한 자그마한 절. 정토종 사찰로 1678년 창건하였다. 울창한 나무들이 반기는 참도(参道)는 매년 봄이 되면 벚꽃이 만발하고, 가을이 되면 단풍이 물들어 아름다움을 한껏 뽐낸다. 이 때문에 이 시기가 되면 방문자가 급증하기도 한다. 본당 주변에 있는 3곳의 아미다도(阿弥陀堂)에 각 3개씩 총 9개의 아미타여래 불상이 있다고 하여 '쿠혼부츠'라는 이름이 붙여졌다. 경내에서 부처님의 가면을 쓰고 행진을 하는 오멘카부리(おめんかぶり)라는 불교 행사가 3년마다 열리지만 현재는 코로나19로 인해 잠정 연기되었다.

지도 P.142-A2 ▶ 발음 쿠혼부츠죠신지 주소 世田谷区奥沢7-41-3 전화 03-3701-2029 운영 06:00~16:30, 연중무휴 가는 방법 토큐 東急전철 오오이마치 大井町 선 쿠혼부츠 九品仏 역에서 도보 4분 WEB kuhombutsu.jp

롯본기

롯본기힐즈 六本木ヒルズ

2003년 4월에 문을 연 이래 롯본기를 최첨단 유행의 상징으로 만든 복합문화상업시설. '힐즈족(ヒルズ族; 롯본기힐즈 내에 위치한 오피스 건물에 거점을 둔 기업의 CEO나 레지던스 거주자를 나타내는 말)'이란 유행어가 등장할 정도로 도쿄의 새로운 도시 문화에 큰 영향을 미친 곳이다. 200여 개의 패션 브랜드 숍과 레스토랑을 비롯해 전망대, 영화관, 호텔이 웨스트워크(ウェストウォーク), 힐사이드(ヒルサイド), 노스타워(ノースタワー) 등 주요 3구역에 밀집해 있어 다양한 모습의 도쿄를 만끽할 수 있다. 주요 시설로 도쿄시티뷰전망대(東京シティビュー), 모리미술관(森美術館), TV아사히방송국(テレビ朝日) 등이 있다.

롯본기힐즈 앞 거미 조형물 마망 / 롯본기힐즈에서 보이는 도쿄타워

지도 P.143-A3 발음 롯본기히르즈 주소 港区六本木6-10-1 전화 03-6406-6000 운영 점포마다 상이 가는 방법 도쿄메트로 東京メトロ 히비야 日比谷 선 롯본기 六本木 역 1C 출구에서 바로 연결 WEB www.roppongihills.com 면세카운터 일부 매장에서 실시

도쿄시티뷰전망대 東京シティビュー

모리타워(森タワー) 52층과 옥상에 위치한 전망시설. 약 5개월간의 리뉴얼 공사를 거쳐 2015년 4월에 재개장하였다. 52층 실내 전망대는 높은 천장과 전면이 유리로 된 창을 통해 도쿄타워, 도쿄스카이트리 등 도쿄의 랜드마크가 어우러진 탁 트인 도쿄 시내 전망을 360도 파노라마 뷰로 감상할 수 있다. ¥500의 추가 요금을 내면 지상 238m의 야외 옥상 전망대 스카이데크(スカイデッキ)에서 낮이고 밤이고 드넓은 하늘 아래 시원시원하고 다이내믹한 풍경을 즐길 수 있다.

도쿄의 상징인 도쿄타워와 도쿄스카이트리가 한눈에 보인다. / 전면 유리로 되어 있어 조망이 용이하다.

지도 P.143-A3 발음 토오쿄오시티뷰우 주소 港区六本木6-10-1 六本木ヒルズ 森タワー52F 전화 03-6406-6652 운영 [실내전망대] 10:00~22:00(마지막 입장 21:00), [스카이데크] 11:00~20:00(마지막 입장 19:30), 부정기 휴무(홈페이지 확인) 요금 [실내전망대] 당일 창구 구매(평일/주말) 성인 ¥2,000/¥2,200, 고등학생·대학생 ¥1,400/¥1,500, 중학생 이하 ¥800/¥900, 65세 이상 ¥1,700/¥1,900, 3세 이하 무료, 온라인 예약(평일/주말) 성인 ¥1,800/¥2,000, 고등학생·대학생 ¥1,300/¥1,400, 중학생 이하 ¥700/¥800, 65세 이상 ¥1,500/¥1,700, 3세 이하 무료, [스카이데크] 고등학생 이상 ¥500, 중학생 이하 ¥300, 3세 이하 무료 가는 방법 롯본기힐즈 모리타워 52층 WEB www.roppongihills.com/tcv

TV아사히방송국 テレビ朝日

롯본기힐즈 케야키자카 거리(けやき坂通り) 방면에 자리한 TV아사히방송국의 본사 건물로 1층은 누구나 입장 가능한 관광 명소로 꾸며져 있다. 인기 드라마, 예능 프로그램의 공식 기념품을 판매하는 기념품 숍을 비롯하여, TV아사히에서 현재도 인기리에 방영 중인 애니메이션 '도라에몽(ドラえもん)'과 대표적인 장수 프로그램 '테츠코노헤야(徹子の部屋)', '뮤직스테이션(ミュージックステーション)' 등과 기념사진을 찍을 수 있는 디스플레이 공간은 방문객에게 소소한 재미를 선사한다. 아쉽게도 방송국 견학은 임시 휴업 중이다.

지도 P.143-B3 ▶ 발음 테레비아사히 주소 港区六本木6-10-1 テレビ朝日社ビル1F 전화 기념품 숍 03-6406-2189 운영 기념품 숍 10:00~19:00 가는 방법 롯본기힐즈 모리정원 앞 WEB www.tv-asahi.co.jp/hq

모리미술관 森美術館

모리타워(森タワー)53층에 위치한 미술관. 시설 설계는 미국 뉴욕의 휘트니미술관과 독일 베를린의 구겐하임미술관을 담당한 미국인 건축가 리처드 글럭먼(Richard Gluckman)이 맡았다. 일본을 포함한 아시아의 현대미술을 중심으로 패션, 건축, 디자인, 사진, 영상 등 다양한 장르의 참신한 전시회를 기획한다. 상설전시보다는 기획전시 위주로 구성되므로 매번 색다르고 독창적인 작품을 만나볼 수 있다.

지도 P.143-A3 ▶ 발음 모리비쥬츠칸 주소 港区六本木6-10-1 六本木ヒルズ 森タワー53F 전화 03-5777-8600 운영 월·수~일요일 10:00~22:00(마지막 입장 21:30), 화요일 10:00~17:00(마지막 입장 16:30) 요금 전시회 마다 상이 가는 방법 롯본기힐즈 모리타워 53층 WEB www.mori.art.museum

도쿄미드타운 東京ミッドタウン

롯본기힐즈와 더불어 롯본기를 대표하는 관광명소의 양대 산맥. 130여 개의 상업시설과 오피스, 호텔, 문화시설, 공원, 병원 등이 집약된 복합문화상업시설로 하루 종일 있어도 지루하지 않을 정도로 다양한 볼거리가 있다. 심벌인 미드타운타워(ミッドタウンタワー)는 지하 5층, 지상 54층, 248m 높이로 도쿄도청(243.4m)을 제치고 도쿄도 내에서 가장 높은 고층건물이 되었다.

지도 P.143-B1 ▶ 발음 토오쿄밋도타운 주소 港区赤坂9-7-1 전화 03-3475-3100 운영 점포마다 상이 가는 방법 토에이지하철 都営地下鉄 오오에도 大江戸 선 롯본기 六本木 역 8번 출구에서 바로 연결 WEB www.tokyo-midtown.com 면세카운터 일부 매장에서 실시

도쿄타워 東京タワー

도쿄의 심벌이자 일본을 대표하는 랜드마크로, 오랜 시
간 많은 이들에게 사랑받고 있는 존재다. 1958년에 TV와
라디오의 종합 전송탑으로 세워진 이후 반세기 이상 24
시간, 365일 묵묵히 도쿄를 지키고 있는 도쿄의 상징. 항
공기와 고층 건물의 충돌 방지를 위한 항공법에 의거해
빨간색과 흰색이 교대로 배색되어 있다. 전송탑의 역할
과 더불어 도쿄 시내를 한눈에 담을 수 있는 전망대가 있
어 인기 관광명소의 면모도 갖추고 있다. 333m의 높이로
634m인 도쿄스카이트리에 이어 도쿄에서 두 번째로 높
은 건축물이다. 150m 메인데크(メインデッキ)와 250m
탑데크(トップデッキ)로 나뉘어 있어 높이에 따라 조금
씩 달라지는 풍경을 360도 파노라마로 감상할 수 있다.
250m 높이의 특별전망대였던 부분이 탑데크(トップデ
ッキ)라는 이름으로 변신하여, 도쿄와 도쿄타워의 역사,
현재와 미래의 모습을 체험하며 풍경을 감상할 수 있도록
하였다. 투어로만 진행되며, 사전 예약 및 시간 지정은 필
수다.

2022년 4월에는 3~5층 풋타운 내에 e스포츠 시설인 레
드 도쿄타워(RED TOKYO TOWER)를 오픈해 레트로 게임,
VR게임, 드론 경기 등 체험형 콘텐츠를 즐길 수 있는 공간
을 선보이고 있다. 2층에는 푸드코트와 기념품숍이 있고,
3층 풋타운에는 공식 기념품숍 '타워숍 갤럭시'가 있다.

지도 P.143-B3 발음 토오쿄오타와 주소 港区芝公園4-2-8 전화 03-3433-5111 운영 [메인데크] 09:00~23:00(마지막 입장 22:30), [탑데크] 09:00~22:45(마지막 투어 22:00~22:15), 연중무휴 요금 [메인데크] 성인 ¥1,200, 고등학생 ¥1,000, 초등학생·중학생 ¥700, 4세 이상 ¥500, 3세 이하 무료 [탑데크 투어] (당일 창구 구매) 성인 ¥3,000, 고등학생 ¥2,800, 초등학생·중학생 ¥2,000, 4세 이상 ¥1,400, 3세 이하 무료, (온라인 예약) 성인 ¥2,800, 고등학생 ¥2,600, 초등학생·중학생 ¥1,800, 4세 이상 ¥1,200, 3세 이하 무료 가는 방법 토에이지하철 都営地下鉄 오오에도 大江戸 선 아카바네바시 赤羽橋 역 아카바네바시 赤羽橋 출구에서 도보 5분 WEB www.tokyotower.co.jp

---

Tip 도쿄타워를 카메라에 담을 수 있는 포토스폿

① 조조지(增上寺)
도쿄타워 앞에 있는 600년 전통의 사찰. 대전본당(大殿本堂)으로 향하는 길목에서 바라본 구도가 제격이다.
발음 조오죠오지 주소 港区芝公園4-7-35 전화 03-3432-1431 운영 24시간, 연중무휴 가는 방법 토에이지하철 都営地下鉄 미타 三田 선 시바코엔 芝公園 역 A4 출구에서 도보 3분 WEB www.zojoji.or.jp

② 시바공원(芝公園)
조조지 옆 공원. 이곳 역시 다각도로 도쿄타워를 즐길 수 있는 명소로 꼽힌다.
발음 시바코엔 주소 港区芝公園 전화 03-3431-4359 운영 24시간, 연중무휴 가는 방법 토에이지하철 都営地下鉄 미타 三田 선 시바코엔 芝公園 역 A4 출구에서 도보 3분 WEB www.shiba-italia-park.jp

긴자

긴자 거리 銀座ブランドストリート

중심가인 중앙거리(中央通り)를 기점으로, 동서남북으로 곧게 뻗은 거리마다 명품 브랜드 숍이 즐비한 일본 대표 명품거리이다. 긴자의 상징과도 같은 백화점인 와코 본관(和光本館)을 정중앙으로 하여 백화점, 대형 상업시설, 부티크가 쭉 이어지는 중앙거리, 중앙거리에서 왼쪽으로 세 블록 이동하면 1km의 일방통행 도로를 따라 루이뷔통을 비롯한 고급 부티크가 자리한 나미키 거리(並木通り), 마로니에게이트 긴자(マロニエゲート銀座)를 시작으로 가로로 이어지는 좁은 골목 마로니에 거리(マロニエ通り) 등이 대표적이다. 주말과 공휴일 12:00부터는 긴자 1쵸메에서 8쵸메 사이의 중앙거리에 차량 통행을 금하는 보행자 천국을 실시한다. 4~9월은 18:00, 10~3월은 17:00까지 시행한다.

지도 P.144~145 ▶ **발음** 긴자브란도스토리이토 **주소** 中央区銀座 **가는 방법** 도쿄메트로 東京メトロ 긴자 銀座 선 긴자 銀座 역 B1 출구에서 바로 연결 **WEB** www.ginza.jp

카부키좌 歌舞伎座

일본 전통극인 카부키(歌舞伎)의 전용 극장. 1889년 문을 연 이래 4번의 공사를 거쳐 2013년 최첨단 설비를 갖춘 새로운 모습으로 재개장하였다. 과거 공연장만 있던 극장 내부에는 카부키와 관련한 공예품과 기념품을 판매하는 오미야게도코로 카오미세(お土産処 かおみせ)(지하 2층), 카부키 서적과 DVD, 배우 사진 등을 판매하는 라쿠자(楽座)(5층), 먹거리가 즐비한 자노렌가이(座・のれん街)(3층) 등 맛집과 쇼핑을 즐길 수 있는 공간이 있다. 또 5층 옥상에는 일본 정원을 조성해 두어 휴식처로도 각광받고 있다.

지도 P.145-C2 발음 카부키자 주소 中央区銀座4-12-15 전화 03-3545-6800 가는 방법 도쿄메트로 東京メトロ 히비야 日比谷 선 히가시긴자 東銀座 역 3번 출구에서 도보 1분 WEB www.kabuki-za.co.jp

긴자 플레이스 GINZA PLACE

긴자 최대 번화가이자 중심지인 중앙 거리 교차로에 새롭게 문을 연 상업시설. 와코 본관 바로 맞은편에 위치하며 독특한 디자인의 외관 덕분에 어렵지 않게 찾을 수 있다. 지하 2층, 지상 11층 규모의 건물 내에는 대부분 쇼룸, 갤러리, 카페, 음식점 등이 자리한다. 4~6층은 재건축으로 인해 잠시 문을 닫은 소니 빌딩을 대신해 소니의 최신 제품을 체험, 구입할 수 있는 소니 스토어가 입점해 있다. 2층 닛산 자동차 쇼룸과 함께 긴자의 교차로를 내려다볼 수 있는 카페공간 닛산 크로싱(NISSAN CROSSING)과 6층 사진 전문 갤러리도 한번 들러보자.

지도 P.145-C2 발음 긴자프레이스 주소 中央区銀座5-8-1 운영 매장마다 상이, 연중무휴 가는 방법 도쿄메트로 東京メトロ 긴자 銀座 선 긴자 銀座 역 A4 출구에서 바로 연결 WEB ginzaplace.jp

도쿄역

도쿄스테이션시티 東京ステーションシティ

도쿄의 현관문 역할을 하는 중앙역. 2014년 대대적인 재개발을 진행한 도쿄 역사 중 마루노우치 역사(丸の内駅舎) 구역은 1914년 당시의 모습으로 복원함으로써 옛 분위기를 간직한 고풍스러운 곳으로 탈바꿈하였다. '도쿄스테이션호텔(東京ステーションホテル)(지도 p.146-B2)'과 '도쿄스테이션갤러리(東京ステーションギャラリー)'가 이 구역에 자리한다.

마루노우치 역사가 도쿄역의 과거를 대변한다면 반대편 야에스(八重洲) 구역은 도쿄역의 미래를 상징한다. 다이마루백화점과 오피스가 들어선 고층 빌딩과 '빛의 돛'을 형상화한 독특한 형태의 상업시설 '그랜루프(GRANROOF)'가 위치해 있다. 개찰구를 빠져나가지 않은 역사 내부에는 각종 쇼핑과 먹거리를 즐길 수 있는 시설 '에키나카(エキナカ)'가 들어서 있다.

1 마루노우치 역사의 천장
2 도쿄스테이션갤러리

지도 P.147-C2 ▶ 발음 토오쿄오스테에숀시티 주소 千代田区丸の内1 운영 매장마다 상이 가는 방법 JR 전철 츄오 中央 선 도쿄 東京 역과 바로 연결 WEB www.tokyostationcity.com

---

Tip 도쿄역을 한눈에 조망할 수 있는 포토스폿

① 교코 거리(行幸通り)(지도 P.146-B2)
② 신마루빌딩(新丸ビル)(P.109) 마루노우치하우스(丸の内ハウス)
③ 마루빌딩(丸ビル)(P.109) 5층 테라스
④ 킷테(KITTE) 4층 구 도쿄중앙우체국장실(旧東京中央郵便局長室), 6층 옥상 킷테가든(KITTEガーデン)

킷테 6층에서 본 도쿄 역사의 모습

도쿄역 1번가 東京駅一番街

JR 전철 도쿄역 야에스(八重洲) 출구에서 바로 연결되는 상업시설. 전철역 개찰구가 위치한 지하 1층부터 신칸센(新幹線) 개찰구가 있는 1층 그리고 2층까지 총 3개 층으로 되어 있다. 지하 1층에는 일본의 공영방송 NHK와 민영방송국 5곳의 캐릭터 공식 숍을 비롯해 헬로키티, 리라쿠마, 무민, 스누피 등 유명 캐릭터의 기념품 숍이 집합한 '토쿄캐릭터스트리트(東京キャラクターストリート)', 도쿄의 인기 라멘집 8군데의 지점을 한데 모은 '도쿄라멘스트리트(東京ラーメンストリート)', 일본 제과회사의 공식 판매 숍으로 이루어진 과자테마존 '도쿄오카시랜드(東京おかしランド)'가 위치한다. 1층에는 도쿄를 기념할 다양한 제품을 판매하는 기념품을 판매하는 상점이 있으며, 2층은 일본 음식을 전문으로 한 식당가가 있어 간단한 식사도 즐길 수 있다.

지도 P.147-C2 ▶ 발음 토오쿄오에키이치방가이 주소 千代田区丸ノ内1-9-1 東京駅1番街 전화 03-3210-0077 운영 매장마다 상이, 연중무휴 가는 방법 JR 전철 츄오 中央 선 도쿄 東京 역 야에스 중앙 八重洲中央 출구에서 바로 연결 WEB www.tokyoeki-1bangai.co.jp

킷테 KITTE

일본의 우편사업을 진행하는 '닛뽄유빙(日本郵便)'의 첫 상업시설. 1931년에 지어진 일본 최대 규모의 도쿄중앙우체국을 일부 재건축하여 지금의 모습으로 탈바꿈시켰다. KITTE란 일본어로 우표를 뜻하는 '킷테(切手)'와 와달라는 의미의 '키테(来て)'에서 따온 말로 본래 건물의 정체성도 함께 담겨있다. 지하 1층부터 지상 6층까지 전국 각지의 특산품과 전통 제품 등을 판매하는 총 100여 곳의 매장이 입점해 있으며 6층 옥상에는 도쿄역을 조망할 수 있는 정원 '킷테가든(KITTEガーデン)'이 있다.

지도 P.146-B2 ▶ 발음 킷테 주소 千代田区丸の内2-7-2 JPタワー 전화 03-3216-2811 운영 [숍] 11:00~20:00, [음식점·킷테가든] 11:00~22:00, 연중무휴 가는 방법 JR 전철 츄오 中央 선 도쿄 東京 역 마루노우치 남쪽 丸の内南 출구에서 도보 1분 WEB marunouchi.jp-kitte.jp 면세카운터 일부 매장에서 실시

마루노우치 나카 거리 丸の内仲通り

마루노우치(丸の内)의 주요 건물이 줄지어 선 중심가. 1.2km
도로에 높게 뻗은 울창한 가로수는 이 지역 직장인들에게 힐
링을 선사한다. 주요 건물 1층에는 유명 브랜드의 부티크, 레
스토랑, 카페가 들어서 있고 길 사이사이에는 예술가들의
작품이 전시되어 있다. 평일 11:00~15:00, 주말과 공휴일
11:00~17:00에는 보행자 천국으로 차량 통행이 금지된다. 겨
울이면 약 200그루의 가로수에 LED 전구 약 100만 개가 설치
되어 밤거리를 환하게 비추는 이벤트 '마루노우치 일루미네이
션(丸の内イルミネーション)'을 실시하며 11월 중순에서 2월
중순 사이 약 100일간 17:00부터 23:00까지 점등된다.

지도 P.146 ▶ **발음** 마루노우치나카도오리 **주소** 千代田区丸の内2~3
가는 방법 JR 전철 츄오 中央 선 도쿄 東京역 마루노우치 남쪽 丸の内南
출구에서 도보 1분

코쿄 皇居

일왕 일가의 거처이자 휴식 공간. 도쿠가와 막부(徳川幕府)의
에도성(江戸城)이었으나 1868년 지금과 같은 왕가의 보금자
리 구실을 갖추게 되었다. 사전 예약 없이는 출입이 불가한 궁
전 구역을 제외한 코쿄가이엔(皇居外苑) 일대는 자유롭게 둘러
볼 수 있다. 현지인의 조깅 코스로 각광받고 있는 '코쿄 앞 광장
(皇居前広場)'과 코쿄의 상징과도 다름없는 다리 '니쥬바시(二
重橋)'가 주요 볼거리이다.

지도 P.146-A2 ▶ **발음** 코오쿄 **주소** 千代田区皇居外苑1-1 **전화** 03-
3213-1111 **가는 방법** 도쿄메트로 東京メトロ 치요다 千代田 선 니쥬바
시마에 二重橋前 역 B6 출구 또는 2번 출구에서 도보 2분 **WEB** sankan.
kunaicho.go.jp/guide/koukyo.html

니혼바시 日本橋

도쿄메트로(東京メトロ) 지하철 미츠코시마에(三越前) 역과
니혼바시(日本橋) 역 사이를 가로지르는 니혼바시 강(日本橋
川)에 세워진 아치형 다리. 일본 전국 도로망의 기점이기도 하
여 도로표지판에 표기된 '도쿄(까지 남은 거리) ~km'는 니혼바
시까지의 거리를 일컫는다.

지도 P.147-D1 ▶ **발음** 니혼바시 **주소** 中央区日本橋 **가는 방법** 도쿄메트
로 東京メトロ 긴자 銀座 선 니혼바시 日本橋 역 B9 출구에서 도보 2분

오다이바

후지TV フジテレビ

일본 방송국 중 가장 큰 규모를 자랑하는 후지
TV의 본사 사옥. 공중에 떠 있는 듯한 둥근 형
태의 독특한 전망대 '하치타마(はちたま)'가 건
물 한가운데에 우뚝 있어 1997년 개관 당시 많
은 화제를 모았다. 하치타마 전망대에서는 레인
보우브리지(レインボーブリッジ)와 어우러진
도쿄타워(東京タワー)의 비경을 270도 파노라
마로 감상할 수 있다.

건물 내부는 오다이바를 방문한 관광객이 즐길
수 있는 다양한 관광 요소를 갖추고 있다. TV프
로그램의 세트장을 재현한 공간에서 기념 촬영을 할 수도 있다. 7층 옥상정원에는 후지TV 관련 기념
품이 총망라된 플래그십 스토어 후지상(フジさん)이 자리한다.

지도 P.148-A2 ▶ **발음** 후지테레비 **주소** 港区台場2-4-8 **전화** 03-5531-1111 **운영** 10:00~18:00, [견학 시설] 월요일
휴무(월요일이 공휴일인 경우 다음날 휴무), [숍] 연중무휴 **요금** [하치타마 전망대] 고등학생 이상 ¥700, 초등학생, 중
학생 ¥450, 미취학 아동 무료 **가는 방법** 유리카고메 ゆりかもめ 다이바 台場 역에서 도보 2분 **WEB** www.fujitv.
com/ja/visit_fujitv

오다이바해변공원 お台場海浜公園

'오다이바비치(おだいばビーチ)'라는 애칭으로
많은 사랑을 받고 있는 해변공원. 800m 길이의
인공 모래사장이 조성되어 있어 시원한 바닷바
람을 맞으며 거닐기 좋다. 해 질 녘 노을 빛에 물
든 바다 전망, 휘황찬란한 불빛들로 채워진 건물
숲과 레인보우브리지의 야경을 감상하기에 최적의 장소로도 손꼽힌다. 공원 내 선착장에는 아사쿠사
(浅草), 토요스(豊洲), 히노데산바시(日の出桟橋) 등으로 이동하는 수상버스 '히미코(ヒミコ)'와 '호타루
나(ホタルナ)'가 있다.

지도 P.148-A1 ▶ **발음** 오다이바카이힝코오엔 **주소** 港区台場1 **전화** 03-5531-0852 **가는 방법** 유리카고메 ゆりかも
め 오다이바카이힝코엔 お台場海浜公園 역에서 도보 3분

덱스도쿄비치 *デックス東京ビーチ*

엔터테인먼트 요소가 넘쳐나는 복합상업시설.
'아일랜드몰(アイランドモール)', '시사이드몰
(シーサイドモール)', '도쿄조이폴리스(東京ジョ
イポリス)' 등 세 구역으로 구성돼 레스토랑, 숍,
테마파크 등 약 150개의 점포가 입점해 있다. 눈
에 띄는 시설은 1930년대 쇼와(昭和) 시대의 모습을 재현해놓은 '다이바1쵸메상점가(台場一丁目商
店街)'와 오사카의 타코야키 명가가 한데 모인 '오다이바 타코야키뮤지엄(お台場たこ焼きミュージア
ム)'으로 시사이드몰 4층에 위치한다.

지도 P.138-B1 ▶ **발음** 덱크스토쿄로오비이치 **주소** 港区台場1-6-1 **전화** 03-3599-6500 **운영** 매장마다 상이, 부정기
휴무 **가는 방법** 유리카고메 ゆりかもめ 오다이바카이힝코엔 お台場海浜公園 역에서 도보 2분 **WEB** www.odaiba-
decks.com

다이버시티 도쿄플라자 *ダイバーシティ東京プラザ*

오다이바의 관광 명소 중 비교적 최근인 2012
년에 개장한 대형 상업시설. ZARA, H&M,
Bershka 등 친숙한 SPA 브랜드를 비롯하여
캐주얼 패션 브랜드 등이 다수 입점해 있다. 한
국인 관광객의 인기 쇼핑 코스인 다이소(ザ・ダ
イソー), 쓰리코인즈(3COINS), 마츠모토키요시
(マツモトキヨシ) 등도 놓치지 말자. 건물 앞 광장에는 오다이바의 명물로 자리매김한 건담 조형물이
있다. 애니메이션 속 실제 크기와 형태를 고스란히 반영하여 제작된 18m 거대 크기를 자랑한다.

지도 P.148-A2 ▶ **발음** 다이바시티토오쿄오프라자 **주소** 江東区青海1-1-10 **전화** 03-6380-7800 **운영** [숍] 평일
11:00~20:00, 주말 및 공휴일 10:00~21:00, [푸드코트] 평일 11:00~21:00, 주말 및 공휴일 10:00~22:00, [음
식점] 11:00~22:00, 부정기 휴무 **가는 방법** 도쿄린카이고속철도 東京臨海高速鉄道 린카이 りんかい 선 도쿄텔레포트
東京テレポート 역 B 출구에서 도보 3분 **WEB** www.divercity-tokyo.com

아쿠아시티 오다이바 *アクアシティお台場*

오다이바의 심벌 '자유의 여신상'과 마주 보고
있는 대형 상업시설. 들러볼 만한 추천 매장은
셀렉트 숍 빔즈(BEAMS)가 운영하는 라이프스
타일 숍 '비밍(B MING)'. 다른 도쿄 지점보다 규
모가 큰 편이며 상품 구성도 풍부하다. 레인보
우브리지가 보이는 전망 좋은 레스토랑도 많이
있어 식사를 즐기기에도 좋다. 7층 옥상에는 '아쿠아시티 오다이바신사(アクアシティお台場神社)'가
자리하는데 이는 오다이바 지역에 존재하는 유일한 신사다.

지도 P.148-A1 ▶ **발음** 아쿠아시티오다이바 **주소** 港区台場1-7-1 **전화** 03-3599-4700 **운영** [숍] 11:00~21:00, [레스
토랑] 11:00~23:00(푸드코트 ~21:00, 일부 레스토랑 ~04:00), 부정기 휴무 **가는 방법** 유리카고메 ゆりかもめ 다이바
台場 역에서 도보 1분 **WEB** www.aquacity.jp

우에노

우에노온시 공원 上野恩賜公園

도쿄의 대표적인 관광지이자 벚꽃 명소. 1873년 일본 최초의 공원으로 지정되었다. 본래는 공원 북쪽에 자리한 사찰 칸에이지(寛永寺)의 경내지에 속해 있었으나 메이지 유신(明治維新) 이후 관유지가 되었고, 1924년 도쿄시가 물려받으면서 이름에 '일왕에게 하사받은 땅'을 뜻하는 온시(恩賜)가 붙게 되었다. 16만 평 넓은 부지에는 동물원, 박물관, 미술관, 문화회관 등 문화시설과 신사, 사찰 등 역사 유적지가 있어 볼거리가 매우 풍성하다.

곳곳이 아름다운 벚꽃 나무로 채워진 우에노온시 공원은 도쿄의 대표적인 벚꽃 명소로 유명하다. 벚꽃이 만개하는 봄철이 되면 벚꽃놀이를 즐기러 온 이들로 발 디딜 틈이 없을 정도. 키요미즈관음당(清水観音堂)이 있는 공원 입구부터 대분수까지 이어지는 길과 시노바즈연못(不忍池) 부근이 특히 아름답다.

지도 P.149-A2 발음 우에노온시코오엔 주소 台東区 上野公園5-20 전화 03-3828-5644 운영 05:00~23:00, 연중무휴 가는 방법 JR 전철 우에노 上野 역 공원 公園 출구에서 도보 5분 WEB www.tokyo-park.or.jp/park/format/index038.html

우에노동물원 上野動物園

일본에서 가장 오래된 동물원. 1882년 정부 소관의 박물관 부속시설로 문을 열었고 1924년 쇼와 일왕의 결혼을 기념으로 도쿄시가 물려받았다. 1972년 일본과 중국의 국교 회복을 기념하여 중국으로부터 자이언트판다 2마리를 기증받으면서 우에노동물원을 넘어서 우에노를 상징하는 동물로 자리매김을 했다. 2011년 중국 야생동물보호협회에서 10년간 대여한 자이언트판다 '리리(リーリー)'와 '신신(シンシン)'이 우에노동물원의 대표 마스코트로서 손님을 맞이하고 있다. 동물원에는 약 400종, 3,000여 마리의 동물이 살고 있으며 크게 동원(東園)과 서원(西園)으로 나뉜다. 동원에는 자이언트판다, 고릴라, 곰, 코끼리, 북극곰이, 서원에는 다람쥐원숭이, 포사 등 이곳에서만 만날 수 있는 희귀동물들이 있다.

지도 P.149-A2 ▶ **발음** 우에노도오부츠엔 **주소** 台東区 上野公園9-83 **전화** 03-3828-5171 **운영** 09:30~17:00(마지막 입장 16:00), 월요일 휴무(공휴일인 경우 다음날 휴무), 연말연시 **요금** 성인 ¥600, 65세 이상 ¥300, 중학생 ¥200 **가는 방법** JR 전철 우에노 上野 역 공원 公園 출구에서 도보 8분 **WEB** www.tokyo-zoo.net/zoo/ueno

아메요코 アメ横

도쿄 변두리 특유의 시끌벅적하고 유쾌한 에너지가 느껴지는 상점가. 사람들에겐 아메야요코쵸(アメヤ横丁), 아메요코상점가(アメ横商店街) 등으로 불리기도 한다. JR 전철 우에노(上野) 역과 오카치마치(御徒町) 역 사이 약 500m의 거리를 따라 해산물, 식료품, 의류, 잡화, 음식점 등 400여 점포가 자리한다. 적극적인 호객행위와 가격을 깎아주는 서비스 등 일반 시장과는 다른 사람 냄새 그득한 분위기를 한껏 느낄 수 있다. 일본을 비롯해 중국, 터키 등 세계의 음식을 저렴하게 먹을 수 있음은 물론이고, 군데군데 유명 맛집이 포진해 있어 먹거리 탐방을 즐기는 이도 적지 않다.

지도 P.149-A3 ▶ **발음** 아메요코 **주소** 台東区 上野4~7 **전화** 03-3832-5053 **운영** 가게마다 상이 **가는 방법** JR전철 우에노 上野 역 중앙 출구에서 1분

아사쿠사

센소지 浅草寺

도쿄 관광의 필수 명소이자 아사쿠사의 상징적인 존재. 628년 창건한 도쿄에서 가장 오래된 사찰이다. 센소지 역사의 시작은 스미다 강(隅田川) 하류에서 어부 형제 히노쿠마노 하마나리(檜前浜成)와 타케나리(竹成)가 성관세음보살상(聖観世音菩薩像)을 건져 올린 것에서 시작되었다. 이후 이들은 출가하여 집을 절로 개조한 다음 평생을 신앙에 바쳤다.

645년 승려 쇼카이(勝海)가 관음당을 건립하면서 참배객이 점차 증가하였고, 에도시대에 들어서 에도 막부(江戸幕府)의 초대 쇼군 도쿠가와 이에야스(徳川家康)가 이곳을 기원소로 지정하면서 번영의 절정을 맞았다. 센소지를 향한 일본 국민들의 두터운 신앙은 오늘날까지도 계속되고 있으며 연간 3,000만 명의 참배객이 방문할 정도로 꾸준히 사랑받고 있다.

지도 P.150-B1 ▶ **발음** 센소오지 **주소** 台東区浅草2-3-1 **전화** 03-3842-0181 **운영** 4~9월 06:00~17:00, 10~3월 06:30~17:00, 연중무휴 **가는 방법** 도쿄메트로 東京メトロ 긴자 銀座 선 아사쿠사 浅草 역 1번 출구에서 도보 1분 **WEB** senso-ji.jp

나카미세 거리 仲見世通り

센소지의 입구 카미나리몬(雷門)에서 중간 문인 호조몬(宝蔵門)까지 쭉 이어지는 길이 250m의 거리. 일본에서 가장 오래된 상점가로 에도(江戸)시대 초기 센소지 경내 참도(参道)에서 물건을 사고파는 영업이 허가되자 점포가 형성된 것이 시초다. 현재는 각종 먹거리, 기념품, 공예품, 장난감 등 동쪽으로 54개의 점포가, 서쪽으로 35개의 점포가 출점하여 손님을 맞이하고 있다.

지도 P.150-B1·B2 ▶ **발음** 나카미세도오리 **주소** 台東区浅草1-36-3 **전화** 03-3844-3350 **운영** 점포마다 상이 **가는 방법** 도쿄메트로 東京メトロ 긴자 銀座 선 아사쿠사 浅草 역 1번 출구에서 도보 3분 **WEB** www.asakusa-nakamise.jp

아사쿠사 문화관광센터 浅草文化観光センター

아사쿠사를 비롯해 도쿄의 여행 정보를 소개하는 관광안내소. 일본의 유명 건축가 쿠마 켄고(隈研吾)가 설계한 독특한 외관이 특징이다. 지도, 정보지, 이벤트 등 각종 자료가 비치되어 있으며 일본어, 한국어, 영어, 중국어로 제공하므로 아사쿠사를 본격적으로 둘러보기 전에 들리기 좋다. 건물 8층에는 아사쿠사의 전경을 무료로 감상할 수 있는 전망 테라스가 있다. 센소지(浅草寺), 나카미세 거리(仲見世通り), 스카이트리(スカイツリー)를 한눈에 담을 수 있는 숨은 명소이다.

지도 P.150-B2 ▶ 발음 아사쿠사분카칸코오센타 주소 台東区雷門2-18-9 전화 03-3842-5566 운영 관광 안내 09:00~20:00, 전망테라스 09:00~22:00, 연중무휴 가는 방법 도쿄메트로 東京メトロ 긴자 銀座 선 아사쿠사 浅草 역 2번 출구에서 도보 1분

스미다 공원 隅田公園

스미다 강변 아즈마바시(吾妻橋) 다리와 사쿠라바시(桜橋) 다리 사이에 위치한 공원. 에도 막부(江戸幕府)시대의 쇼군(将軍)을 다수 배출한 도쿠가와(徳川) 집안의 한 저택 정원을 공원으로 조성한 것이다. 8대 쇼군 도쿠가와 요시무네(徳川吉宗)가 제방 보호와 풍경을 생각해 벚꽃을 심으면서 에도시대부터 이름난 벚꽃 명소로 사랑받기 시작하였다. 3월 하순~4월 상순이 되면 이 일대는 640여 그루의 벚꽃나무가 만개하면서 수려함을 뽐낸다.

지도 P.150-C2·D2 ▶ 발음 스미다코오엔 주소 墨田区向島1·2·5 전화 03-5608-6951 가는 방법 도쿄메트로 東京メトロ 긴자 銀座 선 아사쿠사 浅草 역 4번 출구에서 도보 1분

도쿄 스카이트리 東京スカイツリー

디지털 방송용 전파를 전송할 목적으로 2012
년 만들어진 세계에서 가장 높은 634m의 높이
의 전파탑이다. 지상 350m 높이에 위치한 제
1전망대 '전망데크(天望デッキ)'와 450m에 있
는 제2전망대 '전망회랑(天望回廊)'가 있으며,
1~10층, 31층과 32층에 자리한 상업시설, 도쿄
소라마치(東京ソラマチ)가 있다. 쇼핑, 레스토
랑, 카페, 수족관, 박물관, 정원, 각종 체험시설
등 즐길 거리가 풍성하다.

지도 P.150-D1 가는 방법 도쿄메트로 東京メトロ 한
조몬 半蔵門 선 오시아게 押上 역 B3 출구

●입장권 구입 방법

당일에 구입할 수 있는 '당일권'과 인터넷을 통
해 날짜와 시간을 지정하여 구입 가능한 '예매
권'이 있다. 예매권은 공식 홈페이지 예약 페이
지가 한국어를 지원하므로 어렵지 않게 구입할
수 있으며 당일권보다 가격이 저렴한 이점이 있
으나 예약 취소 시 구입한 다음 날부터 취소 수
수료가 부과되는 단점이 있다.

당일권은 공식 홈페이지 예약 페이지 또는 4층 매
표소에서 구입할 수 있는 티켓으로 시간 지정이
불가능하다. 입장까지 짧게는 10분, 길게는 1시
간 이상 대기해야 하는 경우가 있다. 4층 매표소
에서는 전망데크만 판매하며 전망회랑(450m)은
전망데크(350m) 층에서만 구입할 수 있다.

[당일권 요금표]

티켓 종류		18세 이상	12~17세	6~11세
콤보티켓 (전망회랑+전망테크)	평일	¥3,100	¥2,350	¥1,450
	주말·공휴일	¥3,400	¥2,550	¥1,550
전망테크 (350m)	평일	¥2,100	¥1,550	¥950
	주말·공휴일	¥2,300	¥1,650	¥1,000
전망회랑 (450m)	평일	¥1,000	¥800	¥500
	주말·공휴일	¥1,100	¥900	¥550

※ 미취학 아동 무료

[예매권 요금표]

티켓 종류		18세 이상	12~17세	6~11세
콤보티켓	평일	¥2,700	¥2,150	¥1,300
	주말·공휴일	¥3,000	¥2,350	¥1,400
전망데크	평일	¥1,800	¥1,400	¥850
	주말·공휴일	¥2,000	¥1,500	¥900

아키하바라

아키하바라 전자상가 秋葉原電気街

1930년대 가전 소매상과 전기 관련 부품을 판매하는 가게들이 들어서면서 자연스레 전자상가가 형성되었다. 2000년대부터는 요도바시카메라(ヨドバシAkiba)와 같은 대형 가전양판점이 주류를 이루기 시작했고, 애니메이션, 만화, 게임 등의 서브컬처 전문 매장, 메이드카페(メイド喫茶), 일본의 국민 아이돌 AKB48의 전용 극장(AKB48劇場) 등 마니아층을 겨냥한 오타쿠 문화 관련 시설이 속속 등장하면서 지금의 모습으로 정착했다.

'오타쿠의 천국' 아키하바라 특유의 분위기를 느낄 수 있는 대표 명소로 국내외 관광객에게 인기가 높다. 매주 일요일에는 츄오 거리(中央通り)를 중심으로 차량 통행이 금지되는 보행자 천국(歩行者天国)을 실시한다. 4~9월은 13:00~18:00까지, 10~3월은 13:00~17:00까지 자유롭게 거리를 활보할 수 있다.

지도 P.151-A2·A3 **발음** 아키하바라덴키가이 **주소** 千代田区外神田 **가는 방법** JR 전철 아키하바라 秋葉原 역 덴키가이 電気街 출구에서 도보 1분 **WEB** akiba.or.jp

니케이고욘마루 아키-오카 아티산 2k540 AKI-OKA ARTISAN

JR 전철 야마노테(山手) 선·케이힌토호쿠(京浜東北) 선 아키하바라(秋葉原) 역과 오카치마치(御徒町) 역 사이의 고가철도 밑 공간을 활용하여 만들어진 상업시설. 명칭의 '2k540'는 도쿄역을 기점으로 2,450m 떨어져 있다는 것을 나타내며, 'AKI-OKA'는 아키하바라 역과 오카치마치 역의 중간에 위치함을, 'ARTISAN'은 프랑스어로 장인을 의미한다. 일찍이 오카치마치 주변은 에도 문화를 알리는 전통 공예장인의 거리였다. 지금도 다양한 분야의 수많은 장인들이 도쿄로 모여들고 있는데, 이에 걸맞은 시설의 필요성을 느껴 탄생한 것이 바로 이곳이다. 인근에는 공방을 겸한 숍, 갤러리, 카페 등 개성 넘치는 가게가 즐비하다.

지도 P.151-B1 ▶ 발음 니케이고욘마루 아키오카 아르치산 주소 台東区 上野5-9 전화 03-6806-0254 운영 11:00~19:00 (일부 매장 상이), 휴무일은 매장마다 상이 가는 방법 도쿄메트로 東京メトロ 긴자 銀座 선 스에히로쵸 末広町 역 2번 출구에서 도보 3분 WEB www.jrtk.jp/2k540

마치에큐트 칸다만세바시 mAAch マーチエキュート 神田万世橋

폐쇄된 역사를 활용하여 약 70년 만인 2013년 새롭게 탄생한 상업시설. JR 전철 츄오(中央) 선 칸다(神田) 역과 오차노미즈(御茶ノ水) 역 사이에 위치한 만세바시(万世橋) 역은 1912년에 지어진 이후 오랜 시간 동안 이 거리의 랜드마크로 자리해왔다. 빨간 벽돌의 고풍스러운 외관과는 상반된 내관은 옛 모습을 살리되 세련되고 현대적으로 변신하였다. 카페, 레스토랑, 잡화점 등 다른 상업시설에서는 만날 수 없는 독특하고 새로운 매장들이 입점해 있고 역사로 이용될 당시에 만들어진 계단을 그대로 남겨놓은 '1912계단'과 '1935계단' 등이 있다.

지도 P.151-A4 ▶ 발음 마아치에큐우토 주소 千代田区神田須田町1-25-4 전화 03-3257-8910 운영 매장마다 상이 가는 방법 도쿄메트로 東京メトロ 긴자 銀座 선 칸다 神田 역 6번 출구에서 도보 2분 WEB www.maach-ecute.jp 면세카운터 N8

이케부쿠로

선샤인시티 サンシャインシティ

이케부쿠로를 대표하는 복합상업시설. 과거 도쿄구치소가 있던 터를 재개발하여 1978년 일본 첫 복합도시시설로 문을 열었다. 2023년 새롭게 리뉴얼된 '텐보파크(てんぼうパーク)'가 자리하는 선샤인60(サンシャイン60)과 180여 개의 중저가 브랜드 점포가 들어선 쇼핑 공간 '알파(アルパ)', 선샤인수족관(p.70), 코니카 미놀타 플라네타리움 만텐(コニカミノルタプラネタリウム 満天), 난쟈타운(ナンジャタウン) 등 즐길 거리가 풍성한 '월드인포트마트빌딩(ワールドインポートマートビル)', 이집트와 메소포타미아 등 고대문명에 관한 전시 공간 '고대오리엔트박물관(古代オリエント博物館)'과 '선샤인극장(サンシャイン劇場)'이 있는 문화회관으로 구성되어 있다.

지도 P.152-D2 **발음** 산샤인시티 **주소** 豊島区東池袋3-1 **전화** 03-3989-3331 **가는 방법** 도쿄메트로 東京メトロ 유라쿠초 有楽町 선 히가시이케부쿠로 東池袋 역 2번 출구에서 도보 3분 **면세카운터** 일부 매장에서 실시 **WEB** sunshinecity.jp

코니카 미놀타 플라네타리움 만텐 コニカミノルタプラネタリウム 満天

카메라와 복사기로 유명한 일본 기업 코니카 미놀타(Konica Minolta)가 최첨단 기술로 밤하늘을 리얼하게 재현한 천체투영관. '감각의 해방'이란 콘셉트로 최신 플라네타리움 기기와 음향시스템을 도입하고 돔 스크린을 교체해 재개장했다. 특히 프리미엄 좌석 서비스는 잔디밭에 누워 밤하늘을 감상하는 듯한 '시바시트(芝シート)'와 구름 위에서 별을 바라보는 듯한 '쿠모시트(雲シート)'로 나뉘어 제공된다. 상영하는 작품에 따라 요금과 상영시간이 달라지며 티켓 구입 시 자리 지정이 필수다.

지도 P.152-D2 **발음** 코니카 미노르타 프라네타리우무 만텐 **주소** 豊島区東池袋3-1-3 ワールドインポートマート屋上 **전화** 03-3989-3546 **운영** 월~금요일 10:30~21:00, 토~일요일 및 공휴일 10:30~22:00, 작품 교체 시기를 제외하고 연중무휴 **요금** 작품과 좌석 시트에 따라 상이 **가는 방법** 월드인포트마트빌딩 옥상 **WEB** planetarium.konicaminolta.jp/manten

선샤인수족관 サンシャイン水族館

지상 40m 빌딩 옥상에 자리한 도시형 고층 수족관. 내부는 크게 바닷속, 물가, 하늘 등 자연을 테마로 한 세개 구역으로 나뉘는데, 마치 도심을 벗어나 전혀 다른 공간에 있는 듯한 착각을 불러 일으킨다. 남국의 리조트를 형상화한 '마린가든(マリンガーデン)'에서는 도넛 형태의 수조 '선샤인 아쿠아링(サンシャインアクアリング)' 속에서 바다사자가 자유로이 헤엄치는 모습을 올려다보는 독특한 체험을 즐길 수 있다. 수족관 1층 해파리가 모여 사는 '후와리움(ふわりうむ)'은 뛰어난 공간 연출로 인해 몽환적인 분위기에 빠져들게 한다. 해달, 펭귄, 펠리컨 등 바다동물들의 깜찍한 퍼포먼스를 펼치는 이벤트도 매일 열린다.

지도 P.152-D2 **발음** 산샤인스이조쿠칸 **주소** 豊島区東池袋3-1-3 ワールドインポートマート屋上 **전화** 03-3989-3466 **운영** 10:00~18:00, 연중무휴 **요금** 고등학생 이상 ¥2,600~2,800, 초등·중학생 ¥1,300~1,400, 4세 이상 ¥800~900, 3세 이하 무료(홈페이지 사전 예약 필수) **가는 방법** 월드인포트마트빌딩 옥상 **WEB** sunshinecity.jp/aquarium

오토메로드 乙女ロード

일본의 서브컬처를 접해볼 수 있는 이색 명소. 아키하바라가 오타쿠의 성지라면, 이케부쿠로는 후죠시(腐女子)의 성지다. 후죠시란 남자 간의 사랑을 다룬 소설과 만화 등 소위 'BL(Boys Love) 장르'의 마니아를 뜻하는데, 여자 오타쿠를 지칭할 때 쓰이는 단어다. 이케부쿠로 안에서도 후죠시가 가장 활발하게 활동하는 구역이 바로 오토메로드이다. 애니메이션 상품 전문점 '애니메이트(アニメイト)'의 본사 건물을 기점으로 애니메이션, 동인지 등 중고상품을 사고파는 '라신반(らしんばん)', '만다라케(まんだらけ)', '케이북스(K-BOOKS)'로 이어지는 200m의 거리로, 주로 여성 마니아층이 많이 찾는다 하여 소녀를 의미하는 '오토메'라는 이름이 붙여졌다.

지도 P.152-C1·D1 **발음** 오토메로오도 **주소** 豊島区東池袋3-2-1 **가는 방법** JR 전철 이케부쿠로 池袋역 동쪽 출구에서 도보 7분

키치죠지

지브리미술관 三鷹の森ジブリ美術館

일본 애니메이션의 거장 미야자키 하야오(宮崎駿)의 작품과 세계관을 엿볼 수 있는 미술관. '이웃집 토토로(となりのトトロ)', '센과 치히로의 행방불명(千と千尋の神隠し)', '천공의 성 라퓨타(天空の城ラピュタ)' 등 미야자키 하야오의 애니메이션 원화, 대본, 캐릭터 등 자료 등을 전시한 곳으로 스튜디오지브리(スタジオジブリ)팬이라면 꼭 한 번 방문해야 할 필수 명소다. 단순히 자료를 나열하는 데 그치지 않고 하나의 작품이 완성되기까지의 과정을 소개한 상설전시실 '영화가 탄생하는 장소(映画の生まれる場所)'는 작품 제작 과정을 더 잘 이해할 수 있도록 세세하게 설명하고 있다.

지도 P.153-B2 ▶ **발음** 미타카노모리지브리비쥬츠칸 **주소** 三鷹市下連雀1-1-83 **전화** 0570-055777 **운영** 10:00~18:00, 화요일 휴무 **요금** 성인 ￥1,000, 중·고등학생 ￥700, 초등학생 ￥400, 4세 이상 ￥100 **가는 방법** JR 전철 츄오 中央 선 미타카 三鷹 역 남쪽 출구에서 도보 15분 **WEB** www.ghibli-museum.jp

> **Tip 지브리미술관 티켓 구입 방법**
>
> 티켓 구입 방법은 현재 한 가지 뿐이다. 공식 홈페이지에서 제공하는 로손 티켓사이트(영문)를 이용하는 것. 매달 10일 오전 10시에 구입창이 열리며, 평일 1일 3회(10:00, 12:00, 14:00) 또는 주말 및 공휴일 1일 4회(10:00, 12:00, 14:00, 16:00) 중 원하는 시간대를 선택하면 된다.
>
> **홈페이지** l-tike.com/st1/ghibli-en/sitetop

이노카시라온시 공원 井の頭恩賜公園

키치죠지의 오아시스로, 공원 중앙에 있는 거대한 이노카시라연못(井の頭池)를 중심으로 펼쳐지는 1만 5,000그루의 나무 사이로 동물원, 식물원, 정원, 야외경기장, 신사 등이 자리한 공원이다. 복잡한 도심에서 벗어나 푸르른 자연에 둘러싸여 힐링을 즐기고 싶은 사람들에게 강력 추천한다. 특히 봄철이 되면 이노카시라연못 주변은 약 250그루의 벚꽃이 만발하여 장관을 이룬다. 오리 모양의 보트를 타고 유유히 수상 산책을 즐기거나 벚꽃이 가장 예쁘게 보인다는 나나이바시(七井橋)에서 사진을 찍는 등 소소하지만 기억에 오래 남는 추억을 만들 수 있다.

지도 P.153-C2 ▶ **발음** 이노카시라온시코오엔 **주소** 武蔵野市御殿山1-18-3 **전화** 0422-47-6900 **가는 방법** JR 전철 츄오 中央 선 키치죠지 吉祥寺 역 남쪽 출구에서 도보 5분

RESTAURANT
도쿄의 식당

시부야

d47식당 d47食堂

도쿄도(東京都), 홋카이도(北海道), 오사카부(大阪府), 교토부(京都府), 43개의 현(県) 등 일본의 전 행정구역 47곳의 음식을 테마로 한 일본 정식집. 일본의 지역 전통, 공예, 관광을 소개하는 활동 단체 디앤디파트먼트(D&DEPARTMENT)가 운영하는 곳으로 '맛있고 바른 일본의 식사'를 표방한다. 정식 메뉴는 각 지역을 대표하는 식재료로 만들어지며 달마다 메뉴가 바뀐다. 창가 자리에 앉으면 창 너머로 쉼 없이 바쁘게 움직이는 도시 풍경을 덤으로 얻을 수 있다. 가격은 ¥2,000선.

지도 P.134-C2 발음 디온나나쇼쿠도 **주소** 渋谷区渋谷2-21-1 渋谷ヒカリエ8F **전화** 03-6427-2303 **운영** 일~목요일 11:30~20:00(마지막 주문 식사류 19:00, 음료 19:30), 금~토요일 및 공휴일 전날 11:30~21:00(마지막 주문 20:00), 수요일 휴무 **가는 방법** 시부야 히카리에(p.99) 8층에 위치 **WEB** www.hikarie8.com/d47shokudo

우오베 魚べい

우주선 안에 온 듯한 새하얀 내부 인테리어가 인상적인 진화형 회전초밥 전문점. 컨베이어 벨트 위에서 회전하는 초밥을 집어 먹는 일반적인 방식이 아닌 카운터마다 설치된 태블릿을 터치하여 먹고 싶은 메뉴를 주문하면, 컨베이어 벨트가 음식을 주문자의 자리로 배달하는 시스템이다. 초밥, 튀김, 우동, 디저트 등 80여 가지의 메뉴가 있다. 한국어는 물론 영어, 중국어까지 다국어가 지원되며, 대기 시간이 짧고 가격이 저렴한 점 등 여행자가 좋아할 만한 요소가 가득하다.

지도 P.134-B2 발음 우오베 **주소** 渋谷区道玄坂2-29-11 第六セントラルビル 1 F **전화** 03-3462-0241 **운영** 월~금요일 및 공휴일 전날 11:00~23:00(마지막 주문 22:30), 토~일요일 및 공휴일 10:30~23:00(마지막 주문 22:30), 부정기 휴무 **가는 방법** 도쿄메트로 東京メトロ 한조몬 半蔵門 선 시부야 渋谷 역 1번 출구에서 도보 2분 **WEB** www.genkisushi.co.jp/uobei

오레류시오라멘 俺流塩らーめん

대량의 닭 뼈와 돼지 뼈를 장시간 푹 고아 만든 국물이 일품인 라멘 전문점. 담백하고 깔끔한 소금 육수를 내세워 시부야 라멘 계에서 잔잔한 인기몰이를 하고 있다. 메인 메뉴인 '오레류시오라멘(俺流塩らーめん)(¥720)', 매콤한 '오레류카라시오라멘(俺流辛塩らーめん)(¥770)' 등 20여 종류의 라멘 메뉴가 있다.

지도 P.134-A2 발음 오레류시오라멘 **주소** 渋谷区宇田川町31-9 近藤ビル 1F **전화** 03-5489-1523 **운영** 11:00~19:00, 연중무휴 **가는 방법** JR 전철 시부야 渋谷 역 하치코 ハチ公 출구에서 도보 5분 **WEB** oreryushio.co.jp

----

하라주쿠, 오모테산도, 아오야마

돈카츠 마이센 とんかつ まい泉

1965년 창업, '젓가락으로 잘리는 부드러운 돈카츠'를 맛볼 수 있는 돈카츠 전문점. 카고시마(鹿児島)현산 최고급 돼지고기 '오키타 흑돼지(沖田黒豚)'를 사용해 만든다. 돈카츠(￥1,850~)와 함께 간판 메뉴로 꼽히는 '히레카츠샌드위치(ヒレかつサンド)(3개 세트 ￥560, 6개 세트 ￥1,050)'는 부드러운 등심살과 촉촉한 빵, 달달하면서 진한 소스가 삼위일체를 이룬다.

지도 P.137-C2 ▶ **발음** 톤카츠 마이센 **주소** 渋谷区神宮前4-8-5 **전화** 050-3188-5802 **운영** 11:00~22:00(마지막 주문 21:00), 연중무휴 **가는 방법** 도쿄메트로 東京メトロ 치요다 千代田 선 오모테산도 表参道 역 A2 출구에서 도보 3분 **WEB** mai-sen.com

----

타마와라이 玉笑

음식점 평가지 '미슐랭'에서 별 하나를 획득한 소바 전문점. 오모테산도의 중심가를 벗어나 한적한 골목길 사이에 있는 가게는 멋스러운 갤러리 같은 외관을 하고 있다. 차분한 분위기의 모던한 인테리어만큼 소바(￥1,100~)에서도 품위가 느껴지는데 은은하게 퍼지는 메밀의 단맛과 면발의 쫄깃함

이 먹는 이를 즐겁게 한다. 주인장이 직접 토치기(栃木)현의 밭에서 메밀을 재배한다고 하니 정성 또한 일품이다.

지도 P.136-A3 ▶ **발음** 타마와라이 **주소** 渋谷区神宮前5-23-3 **전화** 03-5485-0025 **운영** 화~금요일 11:30~15:00(마지막 주문 14:30), 18:30~21:00(마지막 주문 20:30), 토요일 11:30~20:00(마지막 주문 19:30), 일요일 11:30~17:00(마지막 주문 16:30), (운영 시간이 유동적이므로 방문 전 인스타그램 체크 필수) **가는 방법** 도쿄메트로 東京メトロ 치요다 千代田 선·후쿠토신 副都心 선 메이지진구마에 明治神宮前 역 7번 출구에서 도보 7분 **WEB** www.instagram.com/soba.tamawarai

----

토라후쿠 寅福

제철 재료로 맛을 낸 정갈한 일본식 가정 요리를 즐길 수 있는 곳으로 점심에는 정식집, 저녁에는 이자카야 형태로 운영하고 있다. 점심에 선보이는 메뉴(￥980~)는 돼지고기 생강구이, 생선구이, 햄버그 스테이크, 카레 등 일본식 정식과 경양식 중심으로 구성되어 있으며, 150kg의 대형 가마솥에 지은 따끈한 밥과 나물 반찬 3가지, 미소된장국이 포함되어 있다.

지도 P.137-C3 ▶ **발음** 토라후쿠 **주소** 港区北青山3-12-9 青山花茂ビルB1 **전화** 03-5766-2800 **운영** 11:30~15:00, 17:30~22:00, 연말연시 휴무 **가는 방법** 도쿄메트로 東京メトロ 치요다 千代田 선 오모테산도 表参道 역 B2 출구에서 도보 3분 **WEB** www.four-seeds.co.jp/torafuku

신주쿠

텐히데 天秀

신주쿠 번화가에서 조금 떨어진 한적한 주택가에 위치한 일본식 튀김 텐뿌라(天ぷら) 전문점. 이곳의 텐뿌라는 재료의 맛이 돋보이면서도 튀김옷의 바삭한 식감이 살아있다. 이는 튀김을 튀길 때 사용하는 기름을 에도(江戸)시대부터 내려온 전통 제법으로 짠 참기름과 일반 식용유를 혼합한 것만을 고집하기 때문이라 한다. 점심 시간에 방문할 경우 튀김 덮밥 '텐동(天丼)(¥1,100)'이나 튀김 찬합 '텐쥬(天重)(¥1,430)'를 추천하며, 저녁은 텐뿌라와 회, 일품요리가 함께 나오는 코스 요리로 만찬을 즐기는 것도 좋다.

지도 P.138-B1 ▶ **발음** 텐히데 **주소** 新宿区西新宿7-12-21 **전화** 03-5386-3630 **운영** 월~금요일 11:30~13:30(마지막 주문 13:30), 17:00~22:00(마지막 주문 21:00), 토요일 및 공휴일 17:00~22:00(마지막 주문 21:00) **휴무** 일요일 휴무 **가는 방법** 토에이지하철 都営地下鉄 오오에도 大江戸 선 신주쿠니시구치 新宿西口 역 D4 출구에서 도보 3분 **WEB** www.ten-hide.com

신 慎

신주쿠의 이름 난 사누키우동(讃岐うどん) 전문점. 사누키우동은 카가와현(香川県)의 전통 음식으로 면발의 탱탱하고 쫄깃한 식감과 연한 간장 육수가 특징이다. 매일 카가와에서 직송한 반죽과 간장을 사용해 만들지만 정통 스타일에서 벗어나 이곳의 독자적인 맛을 추구한다. 주문을 받은 즉시 면을 자르고 삶아내기 때문에 요리가 나올 때까지 시간이 조금 걸리는 편이다. 차가운 국물에 찍어 먹는 자루우동이 유명하다. 여기에 닭튀김(かしわ天, 카시와텐), 오징어다리튀김(ゲソ天, 게소), 채소튀김(野菜天, 야사이텐) 등 튀김(¥190~700)을 곁들여 먹으면 더욱 맛있으니 함께 주문해보자.

지도 P.138-B3 ▶ **발음** 신 주소 渋谷区代々木2-20-16 相馬ビル1F **전화** 03-6276-7816 **운영** 일~목요일 및 공휴일 11:00~23:00(마지막 주문 22:00), 금~토요일 11:00~24:00(마지막 주문 23:00), 연말연시 휴무 **가는 방법** JR 전철 신주쿠 新宿 역 서쪽 출구에서 도보 10분 **WEB** udonshin.com

시로가네야 白銀屋

일본식 정식 요리를 저렴한 가격에 맛볼 수 있
는 이자카야. 맛있는 생선 요리를 ￥850~1,000
대에 먹을 수 있어 주변 직장인들 사이에서 입
소문이 난 맛집이다. 점심 시간은 정식 메뉴를
메인으로, 저녁 시간은 주류와 안주 요리 위주
로 구성되는데 인기 메뉴는 단연 숯불에 구워낸
생선구이. 고등어(サバ), 꽁치(サンマ), 전갱

이(アジ), 대구(タラ), 연어(サケ) 등 종류가 다양해 뭘 골라야 할지 행복한 고민에 빠진다.

> 지도 P.138-B1 ▶ 발음 시로가네야 주소 新宿区西新宿7-19-7 サンローゼ新宿1F 전화 03-6382-7082 운영 월~토요
> 일 11:30~15:00, 17:00~22:30, 일요일 및 공휴일 휴무 가는 방법 도쿄메트로 東京メトロ 마루노우치 丸の内선 니시
> 신주쿠 西新宿 역 E8 출구에서 도보 2분 WEB hu-max.co.jp

츠키지긴다코 하이볼 사카바 築地銀だこハイボール酒場

일본의 인기 타코야키 전문점 '긴다코(銀だこ)'
와 일본산 위스키 브랜드 산토리(SUNTORY)의
'하이볼(ハイボール)'이 협업하여 문을 연 신개
념 술집. 최근 일본에서 유행하는 서서 마시는
술집 형태로 바쁜 일정에 잠시 짬을 내어 즐기
기 좋은 곳이다. 하이볼을 제외한 대부분의 메
뉴 가격대가 부담이 없는 편이라 3, 4개의 메뉴
를 주문해 다양하게 즐겨도 좋다.

> 지도 P.138-C1 ▶ 발음 츠키지긴다코하이보오루사카바
> 주소 新宿区歌舞伎町1-19-1 전화 03-6205-5959 운영
> 11:30~22:30, 연중무휴 가는 방법 JR 전철 신주쿠 新宿
> 역 동쪽 출구에서 도보 7분 WEB www.gindaco.com

후운지 風雲児

줄 서서 먹는 인기 츠케멘(つけ麺)집. 닭고기와
에히메(愛媛)현산 눈퉁멸, 코치(高知)현산 가다
랑어포, 다시마 등을 8시간 동안 푹 삶아내 만든
뽀얀 육수를 다시 6시간 동안 걸러내고 하루 숙
성시켜 만든 육수가 이 집의 인기 비결. 여기에
부드럽고 탄력 있는 중간 두께의 면발을 듬뿍

찍어 먹으면 왜 이 집의 츠케멘이 그토록 많은
인기를 얻고 있는지 단번에 깨달을 수 있을 것이다. 가격은 ￥850~1,100 선.

> 지도 P.138-B3 ▶ 발음 후운지 주소 渋谷区代々木2-14-3 北斗第一ビル 전화 03-6413-8480 운영 11:00~15:00,
> 17:00~21:00, 연중무휴 가는 방법 JR 전철 신주쿠 新宿 역 서쪽 출구에서 도보 9분 WEB www.fu-unji.com

에비스, 다이칸야마, 나카메구로

아후리 AFURI

향긋한 유자향이 입안에 퍼지는 독특한 라멘 전문점. 카나가와(神奈川)현 아후리산(阿夫利山)의 천연수를 사용해 국산 닭고기, 해산물, 채소 등 엄선한 재료를 넣은 뒤 정성스럽게 삶아낸 담백한 육수가 이 집의 맛의 비결이다. 여기에 상쾌한 유자와 얇은 면, 숯불로 맛있게 구운 차슈, 탱글한 반숙 달걀이 조화를 이뤄 환상의 맛 궁합을 자랑한다. 유자가 들어간 메뉴로는 소금을 베이스로 한 '유즈시오라멘(柚子塩らーめん)(¥1,290)', 일본식 간장베이스의 '유즈쇼유라멘(柚子醤油らーめん)(¥1,290)', 간장베이스에 고춧가루를 넣어 매운맛을 강조한 '유즈라탕멘(柚子辣湯麺)(¥1,490)'이 있다.

지도 P.141-D1 **발음** 아후리 **주소** 渋谷区恵比寿1-1-7 117ビル1F **전화** 03-5795-0750 **운영** 11:00~05:00, 연중무휴 **가는 방법** JR 전철 에비스 恵比寿 역 서쪽 출구에서 도보 3분 **WEB** afuri.com

쇼다이 初代

우리나라에서도 인기가 많은 크림카레우동의 원조집이다. 소바 전문점이지만 별미로 내세운 하얀카레우동(白いカレーうどん)(¥1,210)이 입소문을 타고 각종 미디어에 소개되면서 간판 메뉴로 자리를 잡았다. 하얀카레우동은 감자, 생크림, 특제 카레무스를 듬뿍 담은 소스가 핵심이다. 언뜻 보면 굉장히 느끼할 듯하지만, 진하면서도 느끼하지 않은 깔끔한 맛이라 마지막까지 기분 좋게 즐길 수 있다. 장인이 직접 뽑은 면과 엄선한 재료로 만든 소바 또한 괜찮은 편이니 기회가 된다면 함께 즐겨보는 것도 좋다.

지도 P.141-C2 **발음** 쇼다이 **주소** 渋谷区恵比寿南 1-1-10 1F **전화** 03-3714-7733 **운영** 월~토요일 17:00~04:00(마지막 주문 03:00), 일요일 및 공휴일 17:00~01:00(마지막 주문 24:00) 연초 휴무 **가는 방법** JR 전철 에비스 恵比寿 역 서쪽 출구에서 도보 3분 **WEB** shodai-food.com/shodai_01

지유가오카

츠바키식당 つばき食堂

생선구이, 가정식 요리를 메인으로 한 일본 정식집. 집에서 엄마가 차려준 집밥을 먹는 듯한 분위기 속에서 저렴하게 한 끼를 해결할 수 있다. 점심에는 정식 메뉴 위주로, 저녁에는 술안주로도 즐길 수 있는 메뉴로 구성되어 있다. 고등어(さば), 연어(鮭), 전갱이(あじ) 등 생선구이는 물론 닭튀김(とりの唐揚げ, 토리노카라아게), 돼지고기생강구이(豚の生姜焼き, 부타노쇼가야키), 햄버그스테이크(つばき特製ハ ンバーグ, 츠바키토쿠세이한바그) 등도 인기가 높다.

지도 P.142-B2 발음 츠바키쇼쿠도 주소 目黒区自由が丘1-11-1 전화 03-6421-4831 운영 11:00~15:30 (마지막 주문 15:00), 17:00~23:00(마지막 주문 22:30), 연중무휴 가는 방법 토큐 東急 전철 토큐토요코 東急東橫 선, 오오이마치 大井町 선 지유가오카 自由が丘 역 북쪽 출구에서 도보 1분

르몽드그루만 ル モンド グルマン

정통 프렌치 요리를 합리적인 가격에 선보이는 레스토랑. 대학 시절 프랑스 요리에 흥미를 가진 주인장이 프랑스에서 경력을 쌓고 일본으로 돌아와 긴자의 유명 프렌치 레스토랑에서 셰프로 활약했다. 그 후 독립하여 2015년 르몽드그루만을 열었고, 문을 연 지 반년도 되지 않아 지유가오카의 인기 맛집으로 떠올랐다. 전채 요리와 메인 요리로 구성된 2가지 점심 메뉴(¥2,300/¥3,500)가 인기.

지도 P.142-B2 발음 르몽도그루만 주소 目黒区緑が丘2-17-15 전화 03-5726-8657 운영 11:30~14:30(마지막 주문 13:30), 18:00~22:30(마지막 주문 20:30) 월~화요일 휴무 가는 방법 토큐 東急전철 토큐토요코 東急東橫 선·오오이마치 大井町 선 지유가오카 自由が丘 역 북쪽 출구에서 도보 5분 WEB lemondegourmand.com

롯본기

코히엔 香妃園

1963년 문을 연 이래 오랜 시간 롯본기를 지키
고 있는 중화요리 전문점. 평일에는 심야시간대
인 04:00까지 영업하고 있어 귀가시간이 늦은
광고, 방송업계 종사자의 단골집으로도 알려져
있다. 특이하게도 간판 메뉴는 중화요리가 아닌
'토리니코미소바(鶏煮込みそば)'와 '포크카레라
이스(ポークカレーライス)'. 닭 육수로 우려낸
국물 맛이 기가 막힌 토리니코미소바는 테이블
에 비치된 중국식 고추장을 살짝 덜어서 국물에
풀어먹으면 마치 국밥에 다진 양념을 넣은 것과
같은 맛을 느낄 수 있다. 카레라이스는 돼지고기와 양파만으로
맛을 내어 심플하지만 부드러운 맛이다.

지도 P.143-B2 발음 코오히엔 주소 港区六本木3-8-15 瀬里
奈ビレッジ2F 전화 03-3405-9011 운영 월~토요일 및 공휴일
11:45~04:00(마지막 주문 03:20), 일요일 휴무 가는 방법 토에이지하철 都
営地下鉄 오오에도 大江戸 선 롯본기 六本木 역 5번 출구에서 도보 1분

시루야 汁や

후쿠오카(福岡)현의 작은 마을에 위치한 천연식
품점 카야노야(茅乃舎)가 도쿄에 첫발을 내딛고
문을 연 국물 요리 정식집. 이곳의 국물 요리는
화학조미료와 방부제를 사용하지 않고 구운 날
치, 가다랑어(鰹節, 카츠오부시), 다시마 등 카
야노야의 천연조미료를 가미하여 깊고 진하면
서도 깔끔한 국물 맛을 만들어낸다. 일본식 주
먹밥 오니기리(おにぎり) 두 개와 채소국 또는
돼지고기 된장국 등 국물요리로 구성된 세트 메
뉴(¥1,300~1,500)가 인기인데 오니기리는 잡
곡 또는 백미 중에 고를 수 있다. 각 테이블에 비
치된 깨소금(胡麻ふりかけ, 고마후리카케)과
일본식 고춧가루(生七味, 나마시치미)를 취향
에 맞게 넣어 먹으면 더욱 맛있다.

지도 P.143-B1 발음 시루야 주소 港区赤坂9-7-4 東
京ミッドタウンガレリアB1F 전화 03-3479-0880 운
영 11:00~21:00(마지막 주문 20:30), 1월 1일 휴무 가는 방법 토에이지하철 都営地下鉄 오오에도 大江戸 선 롯본기
六本木 역 8번 출구에서 바로 연결. 도쿄미드타운 갤러리아 지하 1층에 위치 WEB www.kayanoya.com

더 가든 ザ・ガーデン

국제문화회관에 자리한 레스토랑카페로 숨어 있는 맛집으로 입소문이 자자하다. 국제문화회 관은 1952년에 설립된 비영리 민간단체로 일반 인도 출입이 가능하다. 건물 앞 일본식 정원을 바라보며 우아하게 식사와 함께 차 한 잔의 여 유를 가질 수 있다. 식사 메뉴(¥2,000선)는 샌 드위치, 파스타, 카레, 돈부리 등 동서양의 다양 한 맛으로 구성되어 있고 각 메뉴에는 커피와 홍차(택1)도 포함돼 있다. 차, 커피, 주스를 비롯 하여 맥주, 사케, 위스키, 칵테일 등 주류 메뉴도 충실하다.

지도 P.143-B3 발음 자가아덴 주소 港区六本木5-11-16 전화 03-3470-4611 운영 07:00~22:00(마지막 주 문 21:30), 부정기 휴무 가는 방법 토에이지하철 都営 地下鉄 오오에도 大江戸 선 아자부쥬방 麻布十番 역 7 번 출구에서 도보 4분 WEB www.i-house.or.jp/facilities/tealounge

브라스리 폴보퀴즈 르뮤제 ブラッスリー ポール・ボキューズ ミュゼ

프랑스 미식계의 거장 폴 보퀴즈(Paul Bocuse) 셰프가 국립신미술관 내에 문을 연 프렌치 레스 토랑. 무려 50년 동안 미슐랭 3 스타를 유지해 오고 있다. 비교적 저렴한 가격으로 식사와 술 을 즐길 수 있는 브라스리 형태의 레스토랑도 운영하고 있는데, 이곳은 그가 오픈한 해외 첫 브라스리라는 점에서 의미가 크다. 점심시간에 가면 고기 또는 생선 요리 중 선택할 수 있는 메 인 요리와 디저트+음료로 구성된 코스 요리를 ¥2,970에 맛볼 수 있다.

지도 P.143-A2 발음 브랏스리포오르보큐우즈뮤 제 주소 港区六本木7-22-2 国立新美術館3F 전화 03-5770-8161 운영 11:00~16:00(마지막 주문 14:00), 16:00~21:00(마지막 주문 19:30), 화요일(화요일이 공 휴일인 경우 다음날) 휴무 가는 방법 도쿄메트로 東京メ トロ 치요다 千代田 선 노기자카 乃木坂 역 6번 출구에 서 바로 연결 WEB www.hiramatsurestaurant.jp/paulbocuse-musee

긴자

효탄야 ひょうたん屋 6丁目店

도쿄에서 칸사이(관서 지역, 대표 도시 오사카, 교토)(関西)식 장어찬합을 합리적인 가격에 맛볼 수 있는 곳. 참고로 칸토(관동 지역, 대표 도시 도쿄)(関東)식과 칸사이식에는 큰 차이가 있다고 한다. 생선을 자르는 방법부터 다른데, 칸토는 등줄기 부분을 자르는 '세비라키(背開き)', 칸사이는 배 부분을 자르는 '하라비라키(腹開き)'이다. 또 장어를 구운 다음 찌는 것이 칸토식이라면 칸사이는 찜을 생략하고 그대로 구워낸다. 찬합(うな重)은 장어 양에 따라 '마츠(松)(¥4,500)',

'타케(竹)(¥3,900)', '우메(梅)(¥3,300)' 세 종류가 있으며, 점심 한정 메뉴로 '장어덮밥(うな丼)(¥2,500)'도 선보인다. 저녁은 기본적으로 예약 필수이지만 18:00 이전에 방문하면 예약 없이도 가능하다.

지도 P.145-C2 ▶ 발음 효오탄야 주소 中央区銀座 6-12-15 전화 03-3572-2511 운영 월~금요일 11:30~14:00(마지막 주문 13:45), 17:30~21:00(마지막 주문 20:00) 토요일 11:30~14:00(마지막 주문 13:30), 17:00~20:00(마지막 주문 19:30), 일요일 및 공휴일 휴무 가는 방법 도쿄메트로 東京メトロ 히비야 日比谷 선 히가시긴자 東銀座 역 A1 출구에서 도보 2분

렌가테 煉瓦亭

1895년 문을 연 일본식 양식의 원조 격인 레스토랑. 창업 당시부터 많은 사랑을 받고 있는 '포크커틀릿(ポークカツレツ)(포크카츠레츠)(¥2,600)'은 일본식 양식의 대표주자인 돈카츠(とんかつ)의 시초가 된 간판 메뉴이다. 바삭바삭한 튀김옷이 인상적인 커틀릿은 채소, 과실즙과 향신료에 조미료를 첨가해 만든 우스터소스를 뿌려서 양배추와 함께 먹는다. 이렇게 먹는 방법 또한 이곳에서 시작되었다고 한다. 또 하나의 원조로 꼽히는 '원조오므라이스(元祖オムライス)(¥2,600)'는 일반적으로 알려진 것과 달리 달걀과 밥을 함께 볶아서 만든다.

지도 P.145-C1 ▶ 발음 렌가테에 주소 中央区銀座3-5-16 전화 03-3561-7258 운영 11:15~15:00(마지막 주문 14:30), 16:40~21:00(마지막 주문 20:30), 일요일 휴무 가는 방법 도쿄메트로 東京メトロ 긴자 銀座 선 긴자 銀座 역 B1 출구에서 도보 1분 WEB www.instagram.com/ginzarengatei_official

개점 전부터 줄이 길게 늘어서므로 되도록 이른 시간에 방문하는 것을 추천한다.

긴자스위스 銀座スイス Ginza Swiss

치바 씨의 커틀릿카레

커틀릿카레(カツカレー)로 유명한 일본식 양식집. 일본의 3대 호텔 브랜드 중 하나인 제국호텔(帝国ホテル)의 셰프가 독립해 문을 연 곳으로 당시 고급 요리였던 양식을 많은 이에게 제공하고자 시작한 것이라 한다. 기업인, 연예인, 운동선수, 학생 등 다양한 고객층의 지지를 받으며 승승장구하던 당시 야구선수 치바 시게루(千葉茂)가 카레 위에 커틀릿을 얹어 달라고 요청한 것을 계기로 이 집의 명물 메뉴인 '치바 씨의 커틀릿카레(千葉さんのカツレツカレー)(¥2,420)'가 탄생하게 되었다. 쇠고기 안심커틀릿카레(牛ロースのカツレツカレー)(¥2,640) 또한 인기 메뉴이다.

지도 P.145-C1 ▶ 발음 긴자스이스 주소 中央区銀座3-5-16 전화 03-3563-3206 운영 11:00~15:00, 17:00~21:00(마지막 주문 20:30), 연말연시 휴무 가는 방법 도쿄메트로 東京メトロ 유락쵸 有楽町 선 긴자잇쵸메 銀座一丁目 역 8번 출구에서 2분 WEB ginza-swiss.com

긴자마루 銀座 圓

고급스럽고 깔끔한 분위기가 돋보이는 일본 정식 레스토랑. 교토(京都) 향토요리의 기술을 기초로 하여 제철 재료를 듬뿍 사용한 정식이 주메뉴이다. 교토에서만 나는 채소와 오이타(大分)현과 토야마(富山)현에서 산지 직송한 해산물 등의 재료 본연의 맛을 살릴 수 있는 조리법에 중점을 두고 있다. 생선구이, 고기조림 등 군침 도는 메뉴들로 가득하다.

지도 P.145-C2 ▶ 발음 긴자마루 주소 中央区銀座6-12-15 いちご銀座612ビル2F 전화 03-5537-7420 운영 11:30~14:00(마지막 주문 13:30), 17:45~22:00(마지막 입점 19:00, 마지막 주문 요리 19:30, 음료 21:00), 일요일·공휴일 휴무 가는 방법 도쿄메트로 東京メトロ 긴자 銀座 선 긴자 銀座 역 A3 출구에서 도보 3분 WEB maru-mayfont.jp

도쿄역

도쿄라멘스트리트

東京ラーメンストリート

도쿄 역사 내 지하 1층 한 구역을 차지하고 있는 라멘 거리. '도쿄에서 가장 먼저 먹고 싶은 곳'이라는 콘셉트로 도쿄의 유명 라멘집 8곳을 한자리에 모았다. 톤코츠(돼지 뼈 육수), 미소(된장), 시오(소금), 츠케멘(국물 없는 면) 등 라멘의 모든 종류를 총망라했다. 이 곳에서만 맛볼 수 있는 한정메뉴도 선보이고 있다.

지도 P.147-C2 발음 토오쿄오라아멘스토리이토 주소 東京都千代田区丸の内1-9-9 東京駅一番街 B1 전화 03-3210-0077 운영 10:00~23:00(가게마다 다름), 연중무휴 가는 방법 JR전철 도쿄역 야에스 추오八重洲中央 출구에서 도보 1분 WEB www.tokyoeki-1bangai.co.jp/street/ramen

츠루통탄 비스 도쿄 つるとんたん Bis TOKYO

오사카의 유명 우동 전문점이 선보이는 캐주얼 다이닝 우동집. 오사카에 7곳, 도쿄에 6곳을 운영 중인 이곳은 지점마다 위치와 건물 분위기를 고려한 색다른 콘셉트를 지향하는 점이 특징이다. 이곳 지점은 인근 직장인들을 타깃으로 하여 회식을 가지거나 야근 후 편하게 들렀다 갈 수 있도록 깔끔한 일본풍으로 인테리어를 했다. 일반적인 따끈한 우동(¥780~1,890) 외에 카르보나라, 샤부샤부, 카레, 크림 등 이색 우동도 맛볼 수 있다.

지도 P.146-B2 발음 츠루통탄비스토오쿄오 주소 千代田区丸の内2-7-3 東京ビルTOKIA B1F 전화 03-3214-2626 운영 월~금요일 11:00~22:00(마지막 주문 21:00), 토~일요일·공휴일 10:30~22:00(마지막 주문 21:00), 연중무휴 가는 방법 JR 전철 츄오中央선 도쿄 東京 역 마루노우치 남쪽 丸の内南 출구에서 도보 3분 WEB www.tsurutontan.co.jp

오다이바

도쿄라멘국기관 마이 東京ラーメン国技館 舞

일본 국내외 명물 라멘집 여섯 곳이 집결한 라멘 전문점. 기존의 푸드코트 형식에서 탈피하여 각 라멘집의 개성을 살리면서 고급스러운 느낌을 더한 인테리어로 무장하였다. 돼지뼈(豚骨, 톤코츠), 일본식 간장(醤油, 쇼유), 일본식 된장(味噌, 미소) 등 다양한 육수의 라멘(¥790~1,250)을 선보이며 종류 또한 일반적인 국물로 된 라멘을 비롯해 찍어먹는 츠케멘(つけめん), 비벼먹는 마제소바(まぜそば), 매콤한 육수의 탄탄멘(担担麺)을 맛볼 수 있다. 각점포 앞 자판기에서 식권을 먼저 구입하자.

지도 P.148-A1 발음 토오쿄오라아멘코쿠기칸마이 **주소** 港区台場1-7-1 アクアシティお台場5F **전화** 03-3599-4700 **운영** 11:00~23:00(마지막 주문 22:30), 휴무는 아쿠아시티 오다이바에 따름(P.61) **가는 방법** 아쿠아시티 오다이바 5층에 위치 **WEB** www.aquacity.jp/trk_mai

카네코한노스케 金子半之助

니혼바시의 유명 튀김덮밥 전문점이 오다이바에도 진출했다. 새우, 오징어, 버섯, 가지, 김 등 각종 재료를 튀겨 듬뿍 얹은 일본식 튀김덮밥 텐동(天丼)이 간판 메뉴. 고온에서 튀겨낸 튀김, 이 집의 특제 비법소스, 밥이 절묘한 조화를 이룬다. 다이버시티 푸드코트에 입점해 있어 부담 없이 즐길 수 있다. 참고로 가게명은 총책임자의 조부이자 일본 요식업계의 큰손 이름에서 따온 것이라고 한다.

지도 P.148-A2 발음 카네코한노스케 **주소** 東京都江東区青海1-1-10 **전화** 03-6457-1878 **운영** 월~금요일 11:00~21:00, 토~일요일 10:00~22:00, 휴무는 다이버시티 도쿄플라자(P.61)에 따름 **가는 방법** 다이버시티 도쿄플라자 2층 푸드코트에 위치 **WEB** kaneko-hannosuke.com

우에노

야마베 山家

두툼한 돈카츠와 고봉밥을 단돈 ¥800에 먹을
수 있는 돈카츠 전문점. 점심시간이 되면 주변에
서 몰려온 회사원 부대의 행렬이 끊이질 않는다.
가격도 가격이지만, 무엇보다도 환상적인 돈카
츠 맛이 이 집의 인기 비결! 육즙이 흐르는 야들
야들한 살코기보다 퍽퍽하지만 고깃살로 속이
꽉 찬 돈카츠를 선호한다면 이곳을 반드시 방문
해야 한다. 돈카츠와 함께 제공되는 양배추샐러
드와 테이블에 비치된 소스를 적절히 버무려 먹으면 맛있다.

지도 P.149-B3 ▶ **발음** 야마베 **주소** 台東区 上野4-5-1 **전화** 03-5817-7045 **운영** 11:00~15:00·17:00~21:00, 연중
무휴 **가는 방법** 토에이지하철 오오에도 大江戸 선 우에노오카치마치 上野御徒町 역 A5 출구에서 도보 2분

세세한텐 晴々飯店

화교 출신 요리사가 만들어주는 중국 사천요리
전문점. 한국인 입맛에 맞는 매콤하고 화끈한
맛이 특징인 사천요리가 주 메뉴인 이 집의 추
천 메뉴는 마파두부정식(麻婆豆腐定食), 점심 한
정)(¥800)과 리체교자(李姐餃子)(¥600). 현
지인이 만드는 제대로 된 정통 요리라는 점에서
꼭 한 번 맛볼 것을 추천한다. 친절한 서비스와 저렴한 가격 또한 이곳의 강점!

지도 P.149-B2 ▶ **발음** 세세한텐 **주소** 台東区 上野7-8-16 **전화** 03-3842-8920 **운영** 11:00~15:00(마지막 주문
14:30), 17:00~23:00(마지막 주문 22:30), 12월 31일~1월 2일 휴무 **가는 방법** JR 전철 우에노 上野 역 이리야 入谷
출구에서 도보 2분 **WEB** seiseihanten2011.owst.jp

니쿠노오오야마 肉の大山

겉은 바삭하고 속은 육즙으로 가득한 크로켓을
맛볼 수 있는 곳. 이곳의 명물은 멘치카츠라 불
리는 민스커틀릿. 다진 돼지고기나 소고기에 다
진 양파를 넣고 빵가루를 묻혀 튀긴 일본식 양식
요리이다. 기본 야미츠키멘치(やみつきメンチ)
(¥150), 소고기를 좀 더 넣은 특제멘치(特製メ
ンチ)(¥220), 엄선된 와규를 듬뿍 넣은 타쿠미
노와규멘치(匠の和牛メンチ)(¥420) 등 세 종류가 있다.

모듬런치플레이트(盛り合わせランチプレート)
¥950(드링크바 포함)

지도 P.149-B3 ▶ **발음** 니쿠노오오야마 **주소** 台東区 上野6-13-2 **전화** 03-3831-9007 **운영** 11:00~22:00(마지막
주문 21:00), 1월 1일 휴무 **가는 방법** JR 전철 우에노 上野 역 히로코오지 広小路 출구에서 도보 2분 **WEB** www.
ohyama.com/ueno

아사쿠사

다이코쿠야텐뿌라 大黒家天麩羅

일본식 튀김을 밥 위에 얹은 텐뿌라덮밥(天丼) 전문점. 1887년 소바집으로 시작하였으나 텐뿌라소바가 인기를 얻자 메이지(明治)시대 후반부터 텐뿌라덮밥을 주력 메뉴로 한 텐뿌라 전문점으로 업종을 바꿨다. 4대째 이어져오고 있는 지금도 참기름만으로 튀긴 튀김 위에 매콤하고 진한 소스를 뿌린 옛날 방식을 그대로 고수하고 있다. 텐뿌라덮밥은 새우튀김이 4개 얹어진 '새우튀김덮밥(海老天丼)(¥2,200)', 새우튀김 2개와 채소튀김 또는 새우튀김, 보리멸생선튀김, 채소튀김을 1개씩 얹은 '텐동(天丼)(¥1,700~1,900)'이 있다.

텐동

지도 P.150-B2 발음 다이코쿠야텐뿌라 **주소** 台東区浅草1-38-10 **전화** 03-3844-1111 **운영** 일~금요일 11:00~20:30, 토요일 및 공휴일 11:00~21:00, 연중무휴 **가는 방법** 도쿄메트로 東京メトロ 긴자 銀座선 아사쿠사 浅草 역 1번 출구에서 도보 4분 **WEB** www.tempura.co.jp

토리요시 鶏よし

아사쿠사의 이름난 닭요리 전문점. 점심은 정식, 저녁은 코스를 위주로 한 메뉴를 선보인다. 점심메뉴 중 추천하는 것은 토리요시노오야코동(鶏よしの親子丼)(¥1,210). 오야코동이란 닭고기에 달걀을 풀어 반숙으로 익힌 다음 밥 위에 얹은 것을 말한다. 여기서 오야는 부모, 코는 자식을 가리키는데, 즉 닭고기와 달걀이 음식에 함께 들어있어 이와 같은 이름이 붙여졌다. 덮밥과 함께 닭고기와 채소를 바짝 조려 만든 특제 클리어수프(클리어스프)(¥330)와 샐러드가 제공된다. 저녁은 일본식 닭꼬치 '야키토리(焼き鶏)(¥297~462)'와 나베 요리가 명물이다.

지도 P.150-A2 발음 토리요시 **주소** 台東区浅草1-8-2 **전화** 03-3844-6262 **운영** 월~토요일 11:30~14:00, 17:00~22:00(마지막 주문 21:30), 일요일 11:30~15:00, 17:00~21:00(마지막 주문 20:00), 월요일 휴무 **가는 방법** 츠쿠바익스프레스 つくばエクスプレス 아사쿠사 浅草 역 A1 출구에서 도보 3분 **WEB** www.toriyoshi.org

아키하바라

히어로즈 스테이크하우스 HERO'S ステーキハウス

볼륨 만점 1파운드(450g) 짜리 스테이크(¥2,180, 런치 기준)와 햄버그스테이크(¥1,780, 런치 기준)를 합리적인 가격에 즐길 수 있는 스테이크 전문점. 스테이크는 냉동하지 않은 멕시코산 소고기 브랜드 '와카히메규(若姫牛)'를 사용하는데 뜨거운 철판에 구워내어 겉은 바삭하면서 속은 부드럽다. 햄버그스테이크는 소고기와 돼지고기를 6:4 황금비율로 만들어내어 육즙이 풍부하다. 소스는 일본풍(和風, 와후), 갈릭(ガーリック), 데미글라스(デミグラス), 마늘간장(にんにく醤油, 닌니쿠쇼유), 파소금(ネギ塩, 네기시오) 등 5가지 중에서 취향에 따라 고를 수 있다. 1파운드 세트 메뉴에는 밥, 샐러드, 수프가 포함된다.

지도 P.151-A3 **발음** 히이로오즈 스테이키하우스 **주소** 千代田区外神田1-6-7 秋葉原センタービル1F **전화** 03-3258-5636 **운영** 11:00~21:45(마지막 주문 21:00), 연말연시 휴무 **가는 방법** JR 전철 아키하바라 秋葉原 역 덴키가이 電気街 출구에서 도보 5분 **WEB** heros.website/shop/akiba

큐슈쟝가라라멘 九州じゃんがららあめん

돼지뼈(豚骨, 톤코츠)를 우려낸 만든 육수가 일품인 톤코츠라멘 전문점. 1984년 아키하바라에 문을 연 이래 하라주쿠(原宿), 이케부쿠로(池袋) 등 도쿄 주요 지역에 지점을 내어 톤코츠라멘의 인기를 주도해왔다. 대표 메뉴인 '큐슈쟝가라(九州じゃんがら)(¥790)'는 돼지뼈 육수에 간장 계열 라멘의 요소를 더해 마일드한 국물 맛이다. '봉샨(ぼんしゃん)(¥880)'은 좀 더 진한 국물로 큐슈(九州) 본토의 하카타라멘(博多ラーメン)에 가까운 맛을 느낄 수 있다. 토핑으로 돼지고기조림인 카쿠니(角煮), 삶은 달걀(味玉子, 아지타마고), 명란젓(明太子, 멘타이코) 등을 추가할 수 있다.

지도 P.151-A2 **발음** 큐우슈우쟝가라라메인 **주소** 千代田区外神田3-11-6 **전화** 03-3251-4059 **운영** 11:00~22:00(마지막 주문 21:45), 연중무휴 **가는 방법** JR 전철 아키하바라 秋葉原 역 덴키가이 電気街 출구에서 도보 5분 **WEB** kyushujangara.co.jp

이케부쿠로

멘도코로 하나다 麺処 花田

진한 돼지뼈 육수를 베이스로 한 미소된장라멘
이 주특기인 라멘집. 두꺼운 면과 풍성한 토핑
이 어우러져 씹는 맛이 일품이다. '미소(味噌)
(¥960)'와 '미소츠케멘(味噌つけ麺)(¥980)'
두 가지 대표 메뉴에 부드러운 맛의 '우마미소
(旨味噌)'와 매콤한 맛의 '카라미소(辛味噌)' 두
종류 중 선택할 수 있다. 식권을 구입한 후 점원
에게 제시하고 숙주나물, 양배추, 부추, 양파 등
의 채소 건더기와 마늘의 양을 특별히 늘릴 것
인지, 밥 반 공기를 함께 받을 것인지를 결정하
면 된다. 채소와 마늘은 무료로 양을 늘릴 수 있
다. 평일 점심시간에 한해 밥 반 공기를 서비스
로 제공한다.

지도 P.152-C2 ▶ 발음 멘도코로 하나다 주소 豊島区東
池袋1-23-8 東池袋SKビル1F 전화 03-3988-5188 운
영 11:00~22:00, 연말연시 휴무 가는 방법 JR 전철 이
케부쿠로 池袋 역 동쪽 출구에서 도보 6분 WEB www.
eternal-company.com

규카츠 이로하 牛かつ いろは

이른바 '소고기로 만든 돈카츠' 규카츠(牛かつ)
전문점. 고기에 튀김옷을 입혀 레어로 살짝 익
히는데, 겉은 바삭하고 속은 부드러워 맛은 물
론 색다른 식감도 동시에 느낄 수 있다.
직접 구워 먹을 수 있도록 1인용 돌판이 함께 제
공되는데 반드시 구워서 익혀 먹도록 안내하고
있다. 고추냉이, 일본식 간장인 쇼유(醬油), 홋
카이도식 고추냉이인 야마와사비(山わさび), 소
금 등의 소스가 구비되어 있고 쇼유와 고추냉이
를 함께 찍어 먹는 것이 일반적이다. 규카츠는
130g ¥1,930, 260g ¥3,060 가격선.

직접 구워 먹는
1인용 돌판

지도 P.152-C1 ▶ 발음 규카츠 이로하 주소 豊島区東
池袋1-9-7 友光ビルB1F 전화 03-3971-2838 운영
11:00~22:00(마지막 주문 21:00), 부정기 휴무 가는 방
법 도쿄메트로 東京メトロ의 마루노우치 丸ノ内 선 이
케부쿠로 池袋 역 29번 출구에서 도보 1분

키치죠지

싯포 四歩

빈티지 생활용품과 가구를 판매하는 잡화점 겸 카페. 아기자기한 아이템을 구경하고 난 다음 카페에 앉아 정갈한 식사를 즐겨보자. 점심 시간에 선보이는 날마다 메뉴가 바뀌는 정식(本日の日替わり定食)은 누구나 맛있게 먹을 수 있는 일상적인 일본 가정식을 테마로 한다. 소박하지만 정성스러운 어머니의 밥상처럼 삼삼하면서 감칠맛 나는 맛이 인상적이다. 집밥을 먹는 기분을 느끼고 싶어 방문하는 직장인과 학생의 발길이 끊이질 않는 곳으로, 주택가 사이에 위치해 주변 분위기마저 편안한 느낌을 준다.

지도 P.153-D1 ▶ 발음 싯뽀 주소 武蔵野市吉祥寺北町 1-18-25 전화 0422-26-7414 운영 11:30~20:00(마지막 주문 19:30), 목요일 휴무 가는 방법 JR 전철 츄오 中央 선 키치죠지 吉祥寺 역 북쪽 출구에서 도보 11분 WEB www.sippo-4.com

리틀스파이스 リトルスパイス

맛있는 인도식 카레를 맛볼 수 있는 음식점. 10여 개의 좌석과 카운터로만 이루어진 아담한 규모의 음식점이지만 키치죠지에서 1, 2위를 다투는 인기 맛집이다. 일반 액상이 아닌 마른 가루로 된 카레와 닭고기, 감자, 토마토 등을 함께 볶은 매콤한 드라이 카레, '키마카레(キーマカレー)(¥1,010)', 스리랑카 카레를 베이스로 닭고기가 듬뿍 들어간 '블랙카레(ブラックカレー)(¥1,030)', 달달하고 부드러운 생크림과 카레가 만나 절묘한 조화를 이루는 '치킨크림카레(チキンクリームカレー)(¥1,030)' 등이 추천 메뉴이다.

지도 P.153-C1 ▶ 발음 리토루스파이스 주소 武蔵野市吉祥寺本町2-14-1 山田ビル2F 전화 0422-20-7915 운영 월~금요일 16:00~20:30, 토~일요일 및 공휴일 13:00~20:30, 부정기 휴무 가는 방법 JR 전철 츄오 中央 선 키치죠지 吉祥寺 역 북쪽 출구에서 도보 5분

DESSERT&CAFE
도쿄 디저트 & 카페

시부야

커피 수프림 도쿄 Coffee Supreme Tokyo

30년 전통을 자랑하는 뉴질랜드 웰링턴의 스페셜티 로스터리
카페가 오세아니아 지역 외 해외 첫 지점으로 도쿄를 낙점했다.
배우 출신의 영화감독 소피아 코폴라의 영화 '사랑도 통역이 되
나요?'를 보고 도쿄를 동경하게 되어 가게를 낼 결심을 했다고
한다. 카페가 위치하는 시부야 뒷골목은 조용하지만 스타일리

시하고 세련된 분위기를 풍긴다. 그에 걸맞게 카페 또한 로고부터 컵 디자인, 가게 내부 인테리어까지
멋스럽다. 에스프레소 음료와 필터 커피에 쓰이는 원두는 모두 호주 멜버른에서 로스팅해 공수해온다.

지도 P.134-A1 **발음** 코오히이수푸리이무토오쿄오 **주소** 渋谷区神山町42-3 1F **전화** 03-5738-7246 **운영** 08:00~
17:00, 목요일 휴무 **가는 방법** JR전철 츄오 中央 선 키치죠지 吉祥寺 역 북쪽 출구에서 도보 11분 **WEB** coffeesupreme.
com

스트리머 커피 컴퍼니 streamer coffee company

2008년 미국 시애틀에서 열린 세계 라테 아트 챔피온십에서 아시아인
최초로 우승한 사와다 히로시(澤田洋史)가 운영하는 카페. 커피콩은
캐러멜의 달콤함과 비터 초코의 씁쓸함이 가미된 오리지널 블렌드를
사용하여 맛에도 신경을 썼다. 기본 메뉴인 '스트리머 라테(Streamer
Latte)(¥650)'와 커피콩을 두 배 사용한 '리볼버 라테(Revolver Latte)
(¥720)' 등이 추천 메뉴다.

지도 P.135-C1 **발음** 스트리마코히캄파니 **주소** 渋谷区渋谷1-20-28 **전화** 03-6427-3705 **운영** 월~금요일 08:00~
20:00, 토~일요일 및 공휴일 09:00~20:00, 부정기 휴무 **가는 방법** 도쿄메트로 東京メトロ 한조몬 半蔵門 선 시부야
渋谷 역 13번 출구에서 도보 4분 **WEB** www.streamer.coffee

비론 BRASSERIE VIRON

일본 전국의 빵집 정보를 소개하는 웹사이트 '오이시이팡(お
いしいパン)'에서 조사한 맛있는 빵집 순위에서 수년간 1위 자
리를 지키고 있는 빵집. 1층에서 빵과 디저트를 판매하고 2층
에는 조식과 점심을 먹는 카페가 있다. 간판 메뉴인 조식 메뉴
(09:00~11:00, ¥1,815)는 바게트를 비롯한 네 종류의 빵과
음료가 제공되며 커피 또는 홍차를 선택할 수 있다.

지도 P.134-B2 **발음** 비론 **주소** 渋谷区宇田川町33-8 塚田ビル **전화** 03-5458-1770 **운영** 08:00~22:00, 연중무휴
가는 방법 도쿄메트로 東京メトロ 한조몬 半蔵門 선 시부야 渋谷 역 3번 출구에서 도보 3분

하라주쿠, 오모테산도, 아오야마

니콜라이 버그만 노무 Nicolai Bergmann NOMU

덴마크 출신 플라워 아티스트 '니콜라이 버그만'의 플라워 숍을 겸한 카페. 아름다운 꽃과 나무에 둘러싸여 도심 속 오아시스를 연상시킨다. 덴마크의 전통 샌드위치 '스뫼레브뢰드(Smørrebrød)'를 비롯한 점심 메뉴와 케이크, 프레시 주스, 홍차 등 카페 메뉴가 있다.

지도 P.137-C3 **발음** 니코라이 바아그만 노무 **주소** 港区南青山5-7-2 **전화** 03-5464-0824 **운영** 10:00~19:00(마지막 주문 18:30), 홀수달 첫째 주 월요일 휴무 **가는 방법** 도쿄메트로 東京メトロ 한조몬 半蔵門 선 오모테산도 表参道 역 B1 출구에서 도보 3분 **WEB** www.nicolaibergmann.com/locations/nomu

카페 키츠네 CAFÉ KITSUNÉ

의류 브랜드 '메종 키츠네(Maison Kitsuné)'로 알려진 프랑스의 크리에이터 집단 '키츠네(KITSUNÉ)'가 운영하는 카페로 일본의 다실을 모델로 한 인테리어가 인상적이다. 눈에 띄는 메뉴는 일본의 화과자 브랜드 '토라야(とらや)'와의 협업으로 탄생한 여우 모양의 화과자 '코후쿠(狐福)'. 일반적인 커피 외에 말차, 녹차, 호지차 등 일본차도 판매한다. 바리스타가 커피를 제조

할 때 직접 설탕을 넣어주므로 커피 주문 시 설탕 유무를 체크하자.

지도 P.137-C3 **발음** 카페키츠네 **주소** 港区南青山3-17-1 **전화** 0120-667-588 **운영** 10:00~19:00, 부정기 휴무 **가는 방법** 도쿄메트로 東京メトロ 치요다 千代田 선 오모테산도 表参道 역 A4 출구에서 도보 2분 **WEB** maisonkitsune.com/mk/find-a-store/cafe-kitsune-aoyama-3

넘버 슈거 NUMBER SUGAR

향료, 착색료, 조미료를 일절 사용하지 않은 수제 캐러멜 전문점. 하나하나 정성 들여 만든 수제 캐러멜을 숫자가 적힌 포장지에 감싸 판매한다. 1부터 12까지의 숫자는 캐러멜 맛을 의미하는데 1은 바닐라, 2 소금, 3 시나몬&티, 4 초콜릿, 5 라즈베리, 6 오렌지필, 7 아몬드, 8은 진저, 9 럼레진, 10 커피, 11 망고, 12 브라운 슈거를 나타낸다.

지도 P.136-B2 ▶ 발음 남바아슈가아 주소 渋谷区神宮前5-11-11 1F 전화 03-6427-3334 운영 11:00~19:00, 연중무휴 가는 방법 도쿄메트로 東京メトロ 치요다 千代田 선·후쿠토신 副都心 선 메이지진구마에 明治神宮前 역 4번 출구에서 도보 4분 WEB www.numbersugar.jp

더 리틀 베이커리 도쿄 The Little BAKERY Tokyo

하라주쿠의 인기 베이커리 카페. 도쿄가 아닌 미국 또는 유럽 어딘가에 있을 법한 서양풍 분위기로, 오픈 이래 젊은 층에게 변함없는 인기를 구가하고 있다. 홋카이도산 버터로 만든 다양한 종류의 빵을 비롯해 푸딩, 케이크, 커피를 판매한다.

지도 P.136-A2 ▶ 발음 자리토루베에카리토오쿄오 주소 東京都渋谷区神宮前6-13-6 전화 10:00~19:00, 부정기 휴무 가는 방법 도쿄메트로 東京メトロ 치요다 千代田 선·후쿠토신 副都心 선 메이지진구마에 明治神宮前 역 7번 출구에서 도보 4분

신주쿠

신주쿠타카노 新宿高野

창업 120주년을 맞이한 신주쿠의 이름난 과일
전문점. 지하 1, 2층에서 타카노의 오리지널 상
품을 판매한다. 간판상품인 '머스크멜론(マスク
メロン)'은 일반 멜론보다 더욱 당도가 높고 과
즙이 풍부하여 개당 1만 엔을 호가한다. 5층 디
저트 레스토랑에서는 제철 과일로 만들어진
파르페, 케이크, 샌드위치 등 다양한 디저트
(¥1,100~)를 제공한다. 레스토랑 내부는 신주
쿠타카노의 오리지널 디저트를 맛볼 수 있는 후
르츠팔러(フルーツパーラー)와 점심식사 및 디
저트 뷔페를 즐길 수 있는 후르츠 바(フルーツ
バー)로 나뉘어 있다. 시즌별로 바뀌는 메뉴를
미리 확인하고 싶다면 홈페이지를 확인해 보자.

지도 P.139-C2 발음 신주쿠타카노 주소 新宿区新宿
3-26-11 전화 03-5368-5147 운영 11:00~ 20:00(마
지막 주문 19:30), 부정기 휴무 가는 방법 JR 전철 신주
쿠 新宿 역 동쪽 출구에서 도보 1분 WEB takano.jp

하브스 ハーブス

신선한 홈메이드 케이크를 맛볼 수 있는 곳. 나
고야(名古屋)에 본점을 둔 케이크 전문점으로
재료 본연의 맛을 그대로 살린 50여 가지의 오
리지널 레시피 가운데 13~14종류를 매달 계절
에 맞춰 선보이고 있다. 매번 메뉴가 바뀔 때마
다 빠지지 않고 등장하는 메뉴는 '밀크레이프
(ミルクレープ)(1조각 ¥980, 1판 ¥9,800)'.
하브스를 대표하는 메뉴로 겹겹이 쌓은 얇은 크
레이프 사이에 딸기, 바나나, 키위 등 과일과 믹
스크림을 듬뿍 넣은 케이크다.

지도 P.139-C2 발음 하아브스 주소 新宿区新宿
3-38-1 ルミネエスト新宿B2F 전화 03-5366-1538 운
영 11:00~20:00(마지막 주문 19:30), 휴무는 루미네
(p.102)에 따름 가는 방법 루미네에스트 지하 2층 WEB
www.harbs.co.jp

에비스, 다이칸야마, 나카메구로

카페 미켈란젤로 カフェ・ミケランジェロ

18세기 이탈리아의 카페를 재현한 다이칸야마의 터줏대감. 중심가 구 야마테 거리(旧山手通り)를 걷다가 멋들어진 지붕 아래 오픈 테라스에 옹기종기 앉아 휴식을 취하는 이들이 보이면 바로 이곳이라 할 만큼 다이칸야마를 즐기기 좋은 위치에 자리한다. 외관뿐만 아니라 내부 인테리어 또한 감탄사가 나올 만큼 아름다운데 천연나무와 앤티크 가구, 클래식 조명들로 꾸며진 공간은 이탈리아의 한 레스토랑에 온 것 같은 착각마저 든다.

지도 P.140-B2 ▶ 발음 카페미케란제로 주소 渋谷区猿楽町29-3 전화 03-3770-9517 운영 월~금요일 11:00~22:00(마지막 주문 21:15), 토~일요일 및 공휴일 10:30~22:00(마지막 주문 21:15), 수요일 휴무 가는 방법 토큐토요코 東急東横 선 다이칸야마 代官山 역 정면 출구에서 도보 5분 WEB www.hiramatsurestaurant.jp/michelangelo

아이비 플레이스 IVY PLACE

다이칸야마 티사이트 내에 있는 카페 겸 레스토랑. 스크램블에그, 에그베네딕트, 샌드위치 등을 제공하는 조식(08:00~11:30, ¥650~)과 샐러드, 파스타, 피자에 빵과 음료가 포함된 런치(평일에 한함, ¥4,280), 스테이크와 리조토 등 분위기 있는 식사를 즐길 수 있는 디너&바(¥1,300~) 세 타임으로 나뉘어 운영된다. 이곳의 인기 메뉴는 매일 07:00~17:00에 제공되는 '클래식 버터밀크 팬케이크(クラシックバターミルクパンケーキ)(¥1,680)'. 폭신폭신한 촉감과 버터 풍미가 진하게 느껴진다. 디너 시간은 서비스 요금으로 1인당 ¥500씩 부가된다.

지도 P.140-B1 ▶ 발음 아이비프레이스 주소 渋谷区猿楽町16-15 전화 03-6415-3232 운영 08:00~23:00(마지막 주문 22:00), 연중무휴 가는 방법 토큐토요코 東急東横 선 다이칸야마 代官山 역 서쪽 출구에서 도보 4분 WEB www.tysons.jp/ivyplace

클래식 버터밀크 팬케이크

지유가오카

몽상클레르 モンサンクレール

세계대회를 석권한 오너 파티시에 츠지구치 히로노부(辻口博啓)가 운영하는 파티스리. 빵, 케이크, 마카롱, 초콜릿 등 달콤한 디저트의 모든 것을 맛볼 수 있다. 간판 메뉴는 프랑스 디저트 콩쿠르 우승작인 세라비(セラヴィ). 화이트초콜릿무스와 라즈베리의 절묘한 조화가 매력적이다.

지도 P.142-A1 **발음** 몽상쿠레에루 **주소** 目黒区自由が丘2-22-4 **전화** 03-3718-5200 **운영** 11:00~18:00, 수요일 및 부정기 휴무 **가는 방법** 토큐 東急전철 토큐토요코 東急東横 선, 오오이마치 大井町 선 지유가오카 自由が丘 역 정면 출구에서 도보 10분 **WEB** www.ms-clair.co.jp

코소앙 古桑庵

멋스러운 일본의 전통가옥으로 된 디저트 카페. 1954년에 지어진 다실을 찻집과 갤러리로 개조하여 1999년 문을 열었다. 다실의 이름은 소설 '나는 고양이로소이다', '도련님'으로 알려진 소설가 나츠메 소세키(夏目漱石)의 첫째 사위인 소설가 마츠오카 유즈루(松岡譲)가 붙여준 이름이라고 한다.

말차(抹茶)(과자 포함, ￥1,000), 일본식 단팥죽 젠자이(ぜんざい)(￥1,100), 단팥 젤리 디저트 안미츠(あんみつ)(￥1,000), 일본식 빙수 카키

고오리(かき氷)(￥800~1,000) 등 주로 일본 전통 디저트를 내놓으며, 계절이 바뀔 때마다 메뉴 구성도 조금씩 바뀐다.

지도 P.142-B1 **발음** 코소오앙 **주소** 目黒区自由が丘1-24-23 **전화** 03-3718-4203 **운영** 월~금요일 11:00~18:30, 토~일요일 및 공휴일 12:00~18:30, 수요일 휴무 **가는 방법** 토큐 東急 전철 토큐토요코 東急東横 선, 오오이마치 大井町 선 지유가오카 自由が丘 역 정면 출구에서 도보 5분 **WEB** kosoan.co.jp

롯본기

이에로 yelo

강렬한 빨간색의 인테리어가 마치 바(Bar)를 연
상시키는 반전 매력을 가진 빙수 전문점이다. 매
월 또는 계절마다 기발하고 독특한 한정 빙수 메
뉴를 만나볼 수 있어 꼭 여름이 아니더라도 1년
내내 빙수를 즐길 수 있다. 색다른 빙수 메뉴에
오레오 쿠키, 그래놀라, 타피오카, 팥, 떡, 밀크소
스, 요거트, 시럽 등 토핑을 추가하여 자신만의
스타일이 반영된 빙수를 먹을 수 있다. 코코아파
우더와 이탈리아산 치즈 마스카르포네로 표현한
'티라미수(ティラミス)(¥1,100)', 우유와 딸기시
럽이 절묘한 조합을 이루는 '딸기우유(いちごミ
ルク; 이치고미루쿠)(¥1,100)'가 대표 메뉴다.

지도 P.143-B2 ▶ 발음 이에로 주소 港区六本木5-2-11
パティオ六本木1F 전화 03-3423-2121 운영 일~목요
일 12:00~23:30, 금~토요일 12:00~05:00, 연중무휴
가는 방법 도쿄메트로 東京メトロ 히비야 日比谷 선 롯
본기 六本木 역 3번 출구에서 도보 2분 WEB yelo.jp

도쿄역

하리오 카페 & 유리공방 Hario Cafe & Lampwork Factory

내열 유리 제조사이자 드리퍼, 커피 서버, 페이
퍼 필터 등 커피 제조 도구로 세계적인 명성을
얻고 있는 회사 하리오(HARIO)가 직접 운영하
는 카페. 하리오가 선정한 원두와 하리오 도구
들을 사용해 만든 드립 커피와 사이폰 커피, 카
페오레 등을 선보인다. 카페 한쪽에는 하리오
제품들을 전시 및 판매하고 있으며, 가끔 커피
와 관련된 세미나나 이벤트를 열기도 한다.

지도 P.147-D1 ▶ 발음 하리오카훼 주소 中央区日本橋
室町1-12-15 전화 03-6262-6528 운영 11:00~18:00,
부정기 휴무 가는 방법 도쿄메트로 東京メトロ 긴자 銀
座 선 미츠코시마에 三越前 역 A4 출구에서 도보 1분
WEB hariocafe-lwf.com

긴자

셍트르 더 베이커리 CENTRE THE BAKERY

고급 빵집 비론(VIRON)이 운영하는 식빵 전문점. 연일 매진을 기록하는 식빵으로 인해 기다란 대기행렬을 이루는 이곳은 점심시간에는 식빵 판매와 토스트와 샌드위치 메뉴를 주로 선보이고 저녁이 되면 '카르틴셍트르(カンティーヌサントル)'란 이름의 레스토랑으로 변신한다. 점심 메뉴인 토스트 세트(Toast Set)를 추천하는데, 3가지 종류가 있다. 잼세트(ジャムセット)는 식빵 2종 ¥1,540, 3종 ¥1,760, 버터세트(バター食べ比べセット)는 식빵 2종 ¥1,320, 3종 ¥1,430, 잼+버터세트(ジャム+バターセット)는 식빵 2종 ¥1,870, 3종 ¥2,090. 일본산

밀로 만든 '카쿠쇼쿠빵(角食パン)'가 인기 메뉴다. 세 종류의 식빵을 비교해서 먹어볼 수 있다. 잼, 버터와 함께 토스터가 함께 나오는데, 취향에 맞춰 그냥 먹거나 구워 먹을 수 있다는 점이 재미있다.

지도 P.145-C1 발음 센토루자베에카리 주소 中央区銀座1-2-1 東京高速道路紺屋ビル1F 전화 03-3562-1016 운영 숍 10:00~19:00, 레스토랑 09:00~19:00(마지막 주문 18:00), 부정기 휴무 가는 방법 도쿄메트로 東京メトロ 유라쿠쵸 有楽町 선 긴자잇쵸메 銀座一丁目 역 3번 출구에서 1분

긴자센비키야 銀座千疋屋

1894년에 창업한 노포 디저트 전문점. 1913년 과일 전문점 후르츠 팔러를 세계에서 처음으로 선보인 곳이다. 1층은 고급 과일과 주스를 판매하는 테이크아웃 전용이고, 지하 1층과 2층은 앉아서 즐길 수 있는 후르츠 팔러로 운영 중이다. 고급 과일을 사용해 독자적인 레시피로 만든 파르페, 셔벗, 샌드위치, 주스를 맛볼 수 있는데, 간단한 식사 대용으로 즐기고 싶다면 과일과 생크림을 듬뿍 넣은 후르츠샌드위치(フルーツサンド)(¥1,540)를, 디저트로는 파르페(パフェ)(¥1,100~)를 추천한다.

후르츠
샌드위치

파르페

지도 P.144-B2 발음 긴자센비키야 주소 中央区銀座 5-5-1 전화 03-3571-0258 운영 [2층] 일~금요일 및 공휴일 11:00~18:00, 토요일 11:00~19:00, [1층] 월~금요일 11:00~19:00, 토~일요일 및 공휴일 11:00~18:00, 연말연시 휴무 가는 방법 京メトロ 긴자 銀座 선 긴자 銀座 역 B5 출구에서 바로 연결 WEB ginza-sembikiya.jp

우에노

미하시 みはし

일본의 전통 디저트 안미츠(あんみつ) 전문점. 안미츠란 한천, 붉은 완두콩, 찹쌀경단, 아이스크림을 넣고 그 위에 꿀을 얹어 먹는 디저트를 말한다. 기본 구성에 과일, 단팥아이스, 말차아이스 등을 추가한 다양한 안미츠를 선보인다. 이외에도 미소된장국에 떡을 넣은 요리 오조오니(おぞうに), 일본식 단팥죽 오시루코(おしるこ), 여름 한정으로 판매하는 일본식 빙수 카키고오리(かき氷) 등 일본 전통 디저트 메뉴가 충실하니, 함께 주문해 먹어보자.

지도 P.149-A3 발음 미하시 주소 台東区上野4-9-7 전화 03-3831-0384 운영 10:30~21:30(마지막 주문 21:00), 부정기 휴무 가는 방법 JR 전철 우에노 上野 역 시노바즈 不忍 출구에서 도보 3분 WEB www.mihashi.co.jp

과일 크림 안미츠
フルーツクリームあんみつ(¥960)

킷사코 喫茶去

우에노온시 공원 내에 위치한 아늑한 찻집. 일본 전통요리점 인쇼테(韻松亭)의 좌측에 있는 입구를 통해 들어가면 일본의 전통 목조 건물풍의 인테리어가 한눈에 펼쳐진다. 창밖으로 숲의 푸르름이 펼쳐지고, 창 틈 사이로 풀잎 향기와 산들 부는 바람이 느껴져 가만히 앉아만 있어도 절로 힐링이 되는 기분이다. 말차 음료, 두유말차아이스크림, 안미츠(¥650~) 등 일본 전통 디저트가 주메뉴이며 여름에는 빙수, 겨울에는 단팥죽 메뉴를 선보인다.

지도 P.149-A2 발음 킷사코 주소 台東区上野公園4-59 전화 03-3821-8126 운영 11:00~15:00, 17:00~21:00(마지막 주문 20:00), 연중무휴 가는 방법 JR 전철 우에노 上野 역 공원 公園 출구에서 도보 6분

두유말차아이스크림

말차

이케부쿠로

커피 밸리 COFFEE VALLEY

이케부쿠로 지역에서는 보기 드문 스페셜티 커피(¥470~600)를 제공하는 카페. 스페셜티 커피란 고품질 생원두를 사용하여 로스팅 및 추출한 커피를 말한다. 번잡한 이케부쿠로의 거리와 상반된 차분한 분위기가 커피맛을 더욱 돋운다. 추천 메뉴는 같은 원두로 만든 에스프레소, 마키아토, 드립 3가지 커피를 비교하며 마실 수 있는 스리픽스(3 PEAKS)(¥650). 같은 종류의 원두라 하더라도 추출방법에 따라 맛이 달라진다는 점을 직접 체험할 수 있도록 만들어진 메뉴이다.

스리픽스

지도 P.152-B2 ▶ 발음 코오히바레 주소 豊島区南池袋 2-26-3 전화 03-6907-1173 운영 월~금요일 08:00~ 20:00, 토·일요일·공휴일 09:00~20:00, 연중무휴 가 는 방법 JR 전철 이케부쿠로 池袋 역 동쪽 출구에서 도 보 4분 WEB coffeevalley.jp

키치죠지

하티프나트 HATTIFNATT

깜찍한 가게 인테리어와 먹기 아까울 만큼 귀여운 음식들로 여심을 사로잡은 카페. 낡은 목조 건물을 개조한 내부는 아기자기한 소품들로 가득하다. 그랑탕, 도리아, 타코라이스와 같은 식사 메뉴를 비롯해 케이크, 음료까지 다양한 메뉴가 있다. 인기 메뉴는 디저트. 특히 케이크는 주문 즉시 만들어져 신선한 맛을 느낄 수 있다. 포토제닉한 라테 아트를 내세운 음료를 곁들여서 맛볼 것을 추천한다.

지도 P.153-D1 ▶ 발음 하티프나토 주소 武蔵野市吉 祥寺南町2-22-1 전화 042-226-6773 운영 월~토요일 12:00~23:00, 일요일 12:00~22:00, 부정기 휴무 가는 방법 JR 전철 추오 中央線 키치죠지 吉祥寺역 북쪽 출구 에서 도보 10분 WEB www.hattifnatt.jp

SHOPPING
도쿄의 쇼핑

시부야

시부야 히카리에 渋谷ヒカリエ

2012년에 문을 연 지하 4층, 지상 34층 규모의 고층 복합시설. 지하 3층부터 지상 5층까지 토큐백화점이 운영하는 상업시설인 싱크스(ShinQs)가 있으며, 6층과 7층은 카페와 레스토랑 전용 플로어, 8층은 아트갤러리, 박물관이 밀집한 크리에이티브 스페이스 8/(Creative Space 8/)로 구성되어있다.

> 지도 P.135-C2 ▶ 발음 시부야 히카리에 주소 渋谷区渋谷2-21-1 전화 03-5468-5892 운영 [싱크스] 11:00~20:00, [카페&레스토랑] 6~7층 11:00~21:00, 11층 11:30~21:00, 크리에이티브 스페이스 8/ 11:00~20:00, 1월 1일 휴무 가는 방법 도쿄메트로 東京メトロ 한조몬 半蔵門 선 시부야 渋谷 역 15번 출구에서 바로 연결 WEB www.hikarie.jp 면세카운터 지하 1층

시부야 109 SHIBUYA 109

시부야를 대표하는 랜드마크와도 같은 쇼핑몰. 건물 꼭대기에 적힌 109라는 숫자로 단번에 찾을 수 있다. 줄임말을 즐겨 사용하는 일본인답게 '마루큐(マルキュー)'라는 애칭으로 불리기도 하며 갸루(ギャル) 문화의 성지로 각광받기도 했다. 10대 후반부터 20대 초반 여성들이 선호하는 브랜드가 총망라되어 있다.

> 지도 P.134-B2 ▶ 발음 시부야 이치마루큐 주소 渋谷区道玄坂2-29-1 전화 03-3477-5111 운영 10:00~21:00, 1월 1일 휴무 가는 방법 도쿄메트로 東京メトロ 한조몬 半蔵門 선 시부야 渋谷 역 3번 출구에서 바로 연결 WEB www.shibuya109.jp 면세카운터 일부 매장에서 시행

세이부 SEIBU

'생활에 활력소를 안겨다 주는 창의성이 곧 패션'이라는 슬로건을 내세우는 시부야의 대표적인 백화점. A관과 B관 두 건물로 나뉘어 있으며, A관은 여성복, B관은 주로 남성복 브랜드로 이루어져 있다. 한국인이 사랑하는 샤넬, 구찌, 버버리, 보테가 베네타, 꼼데 갸르송, 비비안 웨스트우드, 요지 야마모토 등이 입점해 있다.

> 지도 P.134-B2, P.135-C2 ▶ 발음 세에부 주소 東京都渋谷区宇田川町21-1 전화 03-3462-0111 운영 [습] 10:00~20:00, [A관 8층] 11:00~22:00, [A관 지하2층] 11:00~21:00, 부정기 휴무 가는 방법 JR전철 시부야 渋谷 역 하치코 ハチ公 출구에서 도보 3분 WEB www.sogo-seibu.jp/shibuya 면세카운터 A관 7층

시부야 파르코 渋谷PARCO

시부야의 패션뿐만 아니라 문화예술 분야에서도 큰 영향을 끼치는
패션 빌딩으로 2019년 11월 리뉴얼 공사를 끝내고 문을 열었다. 이탈
리아어로 '공원'을 뜻하는 건물명은 인근의 요요기공원(代々木公園)
에서 따온 것이다. 우리나라에서도 폭발적인 인기를 누리고 있는 일
본 브랜드가 대거 포진되어 있는데, 대표적으로 언더커버 노이즈 랩
(UNDERCOVER NOISE LAB), 꼼 데 가르송 걸(COMME des GARÇONS
GIRL), 잇세이미야케 시부야(ISSEY MIYAKE SHIBUYA) 등이 있다.

지도 P.134-B1 ▶ 발음 파르코 주소 渋谷区宇田川町15-1 전화 03-3464-5111 운영 [숍] 11:00~21:00, [음식점]
11:30~23:00(일부 점포 상이), 부정기 휴무 가는 방법 JR 전철 시부야 渋谷 역 하치코 ハチ公 출구에서 도보 5분
WEB shibuya.parco.jp 면세카운터 일부 매장

시부야 로프트 渋谷ロフト

'살림 잡화'를 콘셉트로 한 생활용품 전문점. 다른 곳에서
는 만나볼 수 없는 신선하고 독특한 상품을 찾는다면 반
드시 들러야 하는 곳이다. 최신 유행의 뷰티 제품을 발 빠
르게 소개하고 있으며 화제가 된 아이디어 제품도 곳곳
에 배치해 재미를 부여했다. 지하 1층 문구, 1층 잡화, 2층
미용 및 건강 잡화, 3층 주방용품, 4층 인테리어 잡화, 5
층 아웃도어&여행, 6층 아트&컬처로 운영하고 있다.

지도 P.134-B2 ▶ 발음 시부야 로후토 주소 渋谷区宇田
川町21-1 전화 03-3462-3807 운영 11:00~21:00, 부
정기 휴무 가는 방법 JR 전철 시부야 渋谷 역 하치코 ハチ
公 출구에서 도보 4분 WEB www.loft.co.jp 면세카운터 6층

메가 돈키호테 MEGAドン・キホーテ

'놀랄 만큼 싼 가격의 전당(驚安の殿堂)'이라 자칭하는 대
형 종합 할인매장. 식품, 일용품, 가전제품, 화장품, 주
류, 의약품 등 없는 제품이 없다고 봐도 무방할 정도로
방대한 규모를 자랑한다. 특히 시부야 본점은 다른 지점
보다 압도적인 점포 크기와 상품 수로 인해 점포명에 '메
가'가 붙었다. 시중의 숍과 비교해서 조금이라도 저렴하
게 사고 싶거나 한 곳에서 쇼핑을 해결하고 싶은 경우 강
력히 추천한다. 24시간 영업을 하고 세금 제외 ¥5,000
이상 구입 시 면세 혜택을 받을 수 있어 여러모로 쇼핑을
즐기기에 안성맞춤이다.

지도 P.134-B2 ▶ 발음 돈키호오테 주소 渋谷区宇田川町28-6 전화 03-5428-0211 운영 10:00~04:30, 연중무휴 가
는 방법 도쿄메트로 東京メトロ 한조몬 半蔵門 선 시부야 渋谷 역 3a 출구에서 도보 3분 WEB www.donki.com 면
세카운터 7층

하라주쿠

오모테산도힐즈 表参道ヒルズ

오모테산도를 넘어 일본의 패션과 문화를 주도하는 랜드
마크. 일본이 자랑하는 건축가 안도 타다오(安藤忠雄)가
역사적 가치와 주변 경관을 최우선으로 고려해 설계했
다. 울창한 느티나무가 늘어선 도로와 건물의 조화가 탁
월해 더욱 세련된 거리 분위기를 연출한다. 서관(西館),
본관(本館), 도준관(同潤館) 세 건물에 패션에 민감한 이

들의 니즈를 충족시켜 줄 만한 패션 부티크를 비롯해 레스토랑, 미술관, 이벤트 공간 등 100여 점포가
입점해 있다.

지도 P.136-B2 ▶ 발음 오모테산도히루즈 주소 渋谷区神宮前4-12-10 전화 03-3497-0310 운영 [숍] 월~토요일
11:00~21:00, 일요일 11:00~20:00, [레스토랑] 월~토요일 11:00~23:30, 일요일 11:00~22:00, [카페] 월~토요일
11:00~21:00, 일요일 11:00~20:00, 부정기 휴무 가는 방법 도쿄메트로 東京メトロ 치요다 千代田 선 오모테산도 表
参道 역 A2 출구에서 도보 2분 WEB www.omotesandohills.com 면세카운터 일부 매장에서 실시

라포레하라주쿠 ラフォーレ原宿

하라주쿠 문화의 거점이자 상징과도 같은 존재. 의류, 잡
화, 카페, 레스토랑, 박물관 등 140여 점포가 들어선 패
션몰로 1978년 문을 연 순간부터 일약 유행을 선도하는
발신지로 떠올랐다. 지하 1.5층부터 6층까지 주로 패션
의류 숍이 즐비한데 10대를 겨냥한 중저가 브랜드, 세계
적인 디자이너의 라이선스 브랜드 등 다양하다.

지도 P.136-A2 ▶ 발음 라포레하라주쿠 주소 渋谷区神宮前1-11-6 전화 03-3475-0411 운영 11:00~20:00, 부정기
휴무 가는 방법 도쿄메트로 東京メトロ 치요다 千代田 선·후쿠토신 副都心 선 메이지진구마에 明治神宮前 역 5번 출
구에서 도보 1분 WEB www.laforet.ne.jp 면세카운터 일부 매장에서 실시

토큐플라자 오모테산도하라주쿠 東急プラザ 表参道原宿

하라주쿠(原宿)와 오모테산도(表参道)가 만나는 진구마에
(神宮前) 교차로에 떡 하니 자리 잡은 쇼핑센터. 스스로 꾸
미기를 좋아하는 센스 충만한 젊은 층을 타깃으로 한 곳으
로 아이쇼핑을 즐겨 하는 이라면 시간 가는 줄 모르고 쇼
핑에 빠지는 곳이다. 6층 옥상에 휴식 공간 '오모하라숲(お
もはらの森)'을 설치해 데이트 장소로도 각광받고 있다.

지도 P.136-B2 ▶ 발음 토오쿠우프라자 오모테산도하라주쿠 주소 渋谷区神宮前4-30-3 전화 03-3497-0418 운영 숍
11:00~20:00, 레스토랑 08:30~23:00, 부정기 휴무 가는 방법 도쿄메트로 東京メトロ 치요다 千代田 선·후쿠토신 副
都心 선 메이지진구마에 明治神宮前 역 5번 출구에서 도보 1분 WEB omohara.tokyu-plaza.com 면세카운터 일
부 매장에서 실시

신주쿠

이세탄 伊勢丹

명실공히 일본 최고의 백화점이라 할 수 있는 곳. 특히 2013년 대대적인 리뉴얼을 감행한 후부터는 특별히 사야 할 것이 없어도 들러서 구경하고 싶은 매력적인 쇼핑명소로 거듭났다. 본관과 남성 전용관인 멘즈관(メンズ館)까지 꼼꼼히 아이쇼핑을 즐겨도 좋지만, 한 번쯤은 꼭 가봐야 할 코너를 추천하자면 본관 지하 1층 푸드 코너와 5층 리빙 시계 매장이다. 이 밖에도 본관 3층과 멘즈관 2층의 패션 플로어에는 일본의 인기 로컬 브랜드가 다수 입점해 있으니 함께 둘러보자.

지도 P.139-C2 ▶ 발음 이세탄 주소 新宿区新宿3-14-1 전화 03-3352-1111 운영 [숍] 10:00~20:00, [7층 식당가] 11:00~22:00, 부정기 휴무 가는 방법 도쿄메트로 東京メトロ 마루노우치 丸の内 선 신주쿠산초메 新宿三丁目 역 B3, B4, B5 출구에서 도보 1분 WEB isetan.mistore.jp/store/shinjuku/index.html 면세카운터 본관 6층

루미네 ルミネ

JR 전철 신주쿠 역에 인접한 패션몰 빌딩으로 신주쿠의 쇼핑 명소 중 필자가 강력 추천하는 곳이다. 누구나 부담 없이 쇼핑을 즐길 수 있도록 1만 엔대의 가격 형성에 초점을 둔 브랜드들이 모여 있어 20~30대 여성이 가장 즐겨 찾는 곳이 되었다. 신주쿠 역 남쪽 출구 바로 앞에 위치한 루미네(ルミネ)1, 2와 동쪽 출구 앞에 있는 루미네에스트(ルミネエスト)로 이루어져 있다. 굳이 다른 쇼핑센터에 가지 않아도 될 정도로 현지의 핫한 브랜드 대부분이 모여 있다.

지도 P.139-C2 ▶ 발음 루미네 주소 [루미네1] 新宿区西新宿1-1-5, [루미네2] 新宿区新宿3-38-2, [루미네에스트] 新宿区新宿3-38-1 전화 [루미네1, 2] 03-3348-5211, [루미네에스트] 03-5269-1111 운영 [루미네1·2] 숍 11:00~21:00, 레스토랑 11:00~22:00, [루미네에스트] 숍 월~금요일 11:00~21:00, 토~일요일 및 공휴일 10:30~21:00, 레스토랑 11:00~22:00, 부정기 휴무 가는 방법 [루미네1, 2] JR 전철 신주쿠 新宿 역 남쪽 출구에서 도보 1분, [루미네에스트] JR 전철 신주쿠 新宿 역 중앙 동쪽 출구에서 바로 연결 WEB www.lumine.ne.jp 면세카운터 [루미네1] 5층, [루미네2] 2층, [루미네에스트] 지하 1층·6층

디즈니 플래그십 도쿄

ディズニーフラッグシップ東京

월트 디즈니의 캐릭터 상품을 총망라한 숍. 도쿄 근교 치바현(千葉県)에 위치한 디즈니 리조트 근처에 있는 스토어 다음으로 도쿄에서 가장 큰 지점이다. 매장 곳곳을 디즈니 만화 속의 한 장면처럼 아기자기하게 꾸며 둔 덕분에 가게 내부에서 인증샷을 찍는 모습을 흔히 볼 수 있다. 디즈니 랜드와 디즈니 시의 티켓도 판매 중이다.

지도 P.139-C2 ▶ **발음** 디즈니후락쿠십푸토오쿄오 **주소** 新宿区新宿三丁目17番5号 T&TⅢビル **전화** 03-3358-0632 **운영** 10:00~21:00, 연중무휴 **가는 방법** 도쿄메트로 東京メトロ 마루노우치 丸の内 선 신주쿠산쵸메 新宿三丁目 역 B6 출구에서 도보 1분 **WEB** www.disney.co.jp/store

이케아 신주쿠 IKEA新宿

2021년 5월에 문을 연 도시형 이케아 지점 중 한곳. 도시형 이케아는 대형가구가 전시되어 있지 않고 순서대로 돌아볼 필요 없이 자유롭게 구경할 수 있는 매장이다. 지하 1층 주방용품과 스웨덴 식품, 1층 잡화&델리, 2층 리빙룸&오피스 가구, 3층 침실 등 총 4개층으로 이루어져 있다. 1층 입구 부근에 있는 델리 코너 스웨디시 바이트(Swedish Bite)에서는 스웨덴 요리를 테이크 아웃할 수 있다.

지도 P.139-C2 ▶ **발음** 이케아신주쿠 **주소** 新宿区新宿3丁目1-13 京王新宿追分ビルB1F-3F **전화** 0570-013-900 **운영** 10:00~21:00, 1월 1일 휴무 **가는 방법** 도쿄메트로 東京メトロ 마루노우치 丸の内 선 신주쿠산쵸메 新宿三丁目역 C1출구에서 도보 2분 **WEB** www.ikea.com/jp/ja/stores/shinjuku

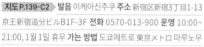

빔즈 재팬 BEAMS JAPAN

셀렉트 숍의 대표 주자 빔즈(BEAMS)가 '일본'을 키워드로 하여 기획한 라이프스타일숍. 전국 각지에서 고른 우수한 제품을 소개하면서 일본이라는 나라의 매력을 알리려는 목적으로 탄생했다. 의류와 잡화가 중심이 된 기존 셀렉트 숍에서 나아가 식품, 전통 공예품, 문화, 예술까지 포괄하는 한층 더 발전된 형태를 보여준다. 패션 상품도 함께 선보이므로 굳이 다른 지점을 방문할 필요가 없다.

지도 P.139-C2 ▶ **발음** 비무즈자팬 **주소** 新宿区新宿3-32-6 B1F-5F **전화** 03-5368-7300 **운영** 11:00~20:00, 부정기 휴무 **가는 방법** 도쿄메트로 東京メトロ 마루노우치 丸の内 선 신주쿠산쵸메 新宿三丁目 역 A2 출구에서 도보 2분 **WEB** www.beams.co.jp/beams_japan

뉴우먼 NEWoman

JR 전철 신주쿠 역 남쪽 출구 내부와 역사 서쪽에 있는 고층 빌딩 JR신주쿠미라이나타워(JR新宿ミライナタワー)의 6개 층을 사용한다. 총면적 7,600평에 100여 개의 점포가 들어가 있다. '이자벨마랑에토와르(ISABEL MARANT ETOILE)', '메종키츠네(MAISONKITSUNE)', '에스트네이션(ESTNATION)' 등 약 80%가 신주쿠에 처음으로 진출하는 브랜드이다.

▶**지도 P.139-C2** ▶**발음** 뉴우만 **주소** 東京都新宿区新宿4-1-6 **전화** 03-3352-1120 **운영** [1~7층] 월~토요일 11:00~20:30, 일요일 및 공휴일 11:00~20:00, [에키나카 푸드] 월~토요일 08:00~21:00, 일요일 및 공휴일 08:00~20:30, [디저트] 월~토요일 09:00~21:00, 일요일 및 공휴일 09:00~20:30, [에키소토] 07:00~22:00, [푸드홀] 07:00~23:00, 부정기 휴무 **가는 방법** JR 전철 신주쿠 新宿 역 신남쪽 출구에서 바로 연결 **WEB** www.newoman.jp **면세카운터** 4층

신주쿠마루이 新宿マルイ

전국 30여 곳에 지점을 보유한 상업시설 마루이의 대표적인 플래그십 스토어로, 본관(本館), 아넥스(アネックス), 맨(メン)으로 나뉘어 운영되고 있다. 본관은 여성을 타깃으로 한 라이프스타일 쇼핑센터이다. 아넥스는 분관으로 여성뿐만 아니라 남성 직장인을 공략한 잡화, 취미 관련 제품이 많은 편이며, 맨은 남성복과 패션잡화 중심의 제품군으로 구성되어 있다.

▶**지도 P.139-D2** ▶**발음** 신주쿠마루이 **주소** 新宿区新宿3-30-13 **전화** 03-3354-0101 **운영** 11:00~20:00, 부정기 휴무 **가는 방법** 도쿄메트로 東京メトロ 마루노우치 丸ノ内 선 신주쿠산쵸메 新宿三丁目 역 A2 출구에서 바로 연결 **WEB** www.0101.co.jp **면세카운터** 일부 매장에서 실시

요도바시카메라 ヨドバシカメラ

일본의 대형 가전양판점 체인 중 하나인 요도바시카메라의 본점. 제품의 종류에 따라 총 11개 관으로 나뉘어 있다. 건물명에서도 알 수 있듯이 일반적인 가전제품뿐만 아니라 문구류, 장난감 등 제품군이 폭넓으며 아웃렛관도 따로 운영한다.

▶**지도 P.138-B2** ▶**발음** 요도바시카메라 **주소** 新宿区西新宿1-11-1 **전화** 03-3346-1010 **운영** 09:30~22:00, 연중무휴 **가는 방법** JR 전철 신주쿠 新宿 역 서쪽 출구에서 도보 3분 **WEB** www.yodobashi.com **면세카운터** 각 카운터마다 실시

타카시마야타임즈스퀘어 タカシマヤタイムズスクエア

일본의 유명 백화점 중 하나인 타카시마야(高島屋)의 신주쿠 지점과 10여 개의 점포가 들어선 복합상업시설. 지하 1층부터 11층까지는 타카시마야백화점이, 2층부터 8층까지 백화점 내의 남쪽 공간에 '토큐핸즈(東急ハンズ)'가 영업 중이다.

▶**지도 P.139-C3** ▶**발음** 타카시마야타이무즈스쿠에아 **주소** 渋谷区千駄ヶ谷5-24-2 **전화** 03-5361-1111 **운영** 10:30~19:30, 부정기 휴무 **가는 방법** JR 전철 신주쿠 新宿 역 신남쪽 출구에서 도보 1분 **WEB** www.takashimaya.co.jp/shinjuku/timessquare **면세카운터** 본관 11층

에비스

아트레에비스 アトレ恵比寿

JR 전철 에비스 역과 연결된 상업시설. 세련되고 센스 넘치는
이들이 다수 거주하는 것으로 유명한 지역 특성을 살려 이들
을 타깃으로 한 의류, 잡화, 서점, 슈퍼마켓 등이 입점해 있다.
새롭게 들어선 서관에는 뉴욕의 인기 햄버거 전문점 '셰이크섹
(SHAKE SHACK)', 대만의 딤섬 맛집 '딘타이펑(鼎泰豊)', 에비스
가 자랑하는 스페셜티 커피 전문점 '사루타히코커피(猿田彦珈

琲)', 파리바게트 콩쿠르에서 우승한 베이커리 '르 그르니에 아팡(Le Grenier à Pain)' 등이 있다.

지도 P.141-C2 ▶ 발음 아토레에비스 주소 渋谷区恵比寿南1-5-5 전화 03-5475-8500 운영 [본관] 숍 10:00~21:00,
카페&레스토랑 11:00~22:30, [서관] 가게마다 상이, 부정기 휴무 가는 방법 JR 전철 에비스 恵比寿 역 동쪽 출구에서
바로 연결 WEB www.atre.co.jp/store/ebisu

트래블러즈 팩토리 TRAVELER'S FACTORY

일본의 문구 브랜드 미도리(ミドリ)의 인기 상품인 트래블러즈
노트(トラベラーズノート)의 플래그십 스토어. 메인인 노트를
중심으로 각종 문구류, 커스텀 제품, 오리지널 기념품을 판매
하고 있다. 2006년 탄생한 트래블러즈 노트는 자신이 직접 노
트 일부를 개조해 꾸미는 즐거움을 느낄 수 있도록 한 일기장으
로, 다양한 관련 상품을 제작해 판매하고 있다. 이곳에서도 도
구를 이용해 자기만의 스타일로 일기장을 맘껏 꾸밀 수 있다.

지도 P.140-A2 ▶ 발음 토라베라아즈파쿠토리이 주소 目黒区上目黒3-13-10 전화 03-6412-7830 운영 12:00~
20:00, 화요일 휴무(공휴일인 경우 오픈) 가는 방법 토큐토요코 東急東横 선 나카메구로 中目黒 역 남쪽 출구에서 3분
WEB www.travelers-factory.com

코스메 키친 Cosme Kitchen

전 세계의 자연&유기농 화장품을 중심으로 아로마, 허브티,
잡화 등을 소개하는 코스메틱 셀렉트 숍. 브랜드의 콘셉트, 원
료와 제조방법, 인증기관을 꼼꼼히 확인한 후 품질과 공정무
역, 동물실험, 환경성 등을 고려해 제품을 선정하는데 진열된
브랜드만 보더라도 이들의 발굴 능력은 가히 발군이라 할 만하

다. 몸과 마음을 가꾸는 즐거움은 물론 생활방식 전체에 힐링
과 에너지를 가져다 줄 수 있도록 토털케어를 제안한다. 화장품 마니아에게는 더할 나위 없는 최고의
쇼핑 공간이다.

지도 P.140-B2 ▶ 발음 코스메킷친 주소 渋谷区代官山町19-4 代官山駅ビル1F 전화 03-5428-2733 운영 11:00~
20:30, 부정기 휴무 가는 방법 토큐토요코 東急東横 선 다이칸야마 代官山 역 서쪽 출구에서 도보 1분 WEB
cosmekitchen.jp

지유가오카

투데이즈 스페셜 Today's Special

'음식과 생활의 DIY'를 테마로 한 라이프스타
일 숍. 생활잡화, 식료품, 패션, 미용 등 독자적
인 시선으로 엄선한 제품을 뛰어난 진열 방식으
로 소개한다. 심플하고 감각적인 오리지널 상품
도 다수 선보이고 있다. 평범한 오늘 하루를 특
별하게 만들어 줄 인테리어 잡화를 찾고 싶다면
꼭 방문해보자.

▶ 지도 P.142-A2 ▶ 발음 투데이즈스페샤루 주소 目黒区自由が丘2-17-8 전화 03-5729-7131 운영
11:00~20:00, 부정기 휴무 가는 방법 토큐 東急전철 토큐토요코 東急東横 선, 오오이마치 大井町
선 지유가오카 自由が丘 역 정면 출구에서 도보 5분 WEB www.todaysspecial.jp

루피시아 LUPICIA

일본의 홍차 전문 브랜드 '루피시아'의 본점. 일
본은 물론 인도, 스리랑카, 중국, 대만 등 세계
각국의 신선한 찻잎으로 차를 제조한다. 홍차,
가향차, 녹차, 말차, 우롱차, 건강채소차 등 다양
한 맛과 향을 자랑한다. 차와 함께 곁들이면 좋
은 쿠키와 초콜릿도 판매한다.

▶ 지도 P.142-A2 ▶ 발음 루피시아 주소 目黒区自由
が丘1-26-7 田中ビル 1F 전화 03-5731-7370 운영
10:00~19:00, 1월 1일·부정기 휴무 가는 방법 토큐 東急전철 토큐토요코 東急東横선, 오오이마치
大井町 선 지유가오카 自由が丘 역 정면 출구에서 도보 3분 WEB www.lupicia.co.jp

와타시노헤야 私の部屋

지유가오카의 인테리어 거리를 대표하는 잡화
점. 30년 이상 꾸준한 사랑을 받아오며 현지인
사이에서 높은 신뢰감을 얻고 있다. 일본의 생
활문화와 신선한 아이디어를 융합한 인테리어
제품을 소개하며 잡화점. 주방, 욕실, 침구 등 폭
넓은 상품군을 자랑한다. 가게 바로 옆에 위치
한 자매점 '카트르 세종(Quatre Saisons)'도 함
께 둘러보자.

▶ 지도 P.142-A2 ▶ 발음 와타시노헤야 주소 目黒区自由が丘2-9-4 吉田ビル1F 전화 03-3724-8021
운영 11:00~19:30, 부정기 휴무 가는 방법 토큐 東急전철 토큐토요코 東急東横 선, 오오이마치 大井町 선
지유가오카 自由が丘 역 정면 출구에서 도보 3분 WEB www.watashinoheya.co.jp

긴자

토큐플라자긴자 東急プラザ銀座

전통과 혁신을 융합하면서 생겨나는 문화를 전파하는
발신지 역할을 지향한다는 의미로 지어진 상업시설이
다. 당찬 패기만큼 매장 곳곳에서는 지금까지 느껴보지
못 했던 신선한 콘셉트가 눈에 띈다. 1~5층에는 유명 브
랜드가 다수 입점해 있다. 8, 9층에 입점한 '롯데면세점
(LOTTE DUTY FREE)'은 긴자미츠코시(銀座三越)에 이어
두 번째로 문을 연 공항형 시중면세점이다. 건물 규모가
어마어마하여, 전체를 구석구석 살펴보려면 꽤 많은 시
간을 투자해야 할 것이다.

`지도 P.144-B2` **발음** 토오큐우프라자긴자 **주소** 中央区銀座5-2-1 **전화** 03-3571-0109 **운영** [숍] 11:00~21:00, [레
스토랑] 11:00~23:00, 부정기 휴무 **가는 방법** 도쿄메트로 東京メトロ 긴자 銀座 선 긴자 銀座 역 C2·C3 출구에서 바
로 연결 **WEB** ginza.tokyu-plaza.com **면세카운터** 7층

긴자미츠코시 銀座三越

긴자 최대 규모의 노포 백화점. 지하 4층, 지상 12층 규모
의 건물 내에는 200여 개가 넘는 고급브랜드가 입점해
있으며 11, 12층의 식당가 또한 일식, 중식, 이탈리안, 프
렌치, 아시안 등 다양한 장르의 음식점들이 즐비하다. 8
층에는 오키나와를 제외한 본토 첫 공항형 시중 면세점인
'재팬 듀티 프리 긴자(Japan Duty Free Ginza)'가 있다.

`지도 P.145-C2` **발음** 긴자미츠코시 **주소** 中央区銀座4-6-16 **전화** 03-3562-1111 **운영** [숍] 10:00~20:00, [레스토
랑] 매장마다 상이, 부정기 휴무 **가는 방법** 도쿄메트로 東京メトロ 긴자 銀座 선 긴자 銀座 역 A7 출구에서 도보 1분
WEB mitsukoshi.mistore.jp/store/ginza **면세카운터** 지하 7층

긴자 식스 GINZA SIX

재개발이 한창 진행 중인 긴자에서 가장 최근에 들어선
상업시설. 최고급 부티크가 즐비한 명품가답게 입점해
있는 브랜드 역시 셀린느, 생로랑, 펜디, 마놀로 블라닉,
알렉산더 맥퀸, 메종 마르지엘라 등 럭셔리 일색이다. 명
품 브랜드가 집중된 1~3층과 달리 4~6층은 츠타야서점
(蔦屋書店)을 비롯해 일본의 생활잡화와 패션 브랜드가
포진되어 있는 점이 특징이다.

`지도 P.144-B2` **발음** 긴자식쿠스 **주소** 中央区銀座6-10-1 **운영** [숍] 10:30~20:30, [음식점] 11:00~23:00, 연중무
휴 **가는 방법** 도쿄메트로 東京メトロ 긴자 銀座 선 긴자 銀座 역 A3 출구에서 도보 2분 **WEB** ginza6.tokyo **면세카운터**
1층 투어리스트 서비스센터 내

무인양품 긴자 無印良品 銀座

2019년 4월에 문을 연 무인양품 글로벌 플래그십 스토어. 저렴하지만 좋은 품질, 브랜드 로고가 없고 단순하지만 세련된 디자인으로 우리나라에서도 많은 사랑을 받고 있는 브랜드이다. 의류, 인테리어, 문구, 화장품, 식품 등 폭넓은 제품군을 갖추고 있다. 다른 지점과 차별화된 부분은 지하 1층 전체가 레스토랑인 무지 다이너(MUJI Diner), 6층 무지 호텔(MUJI HOTEL)이 들어서 있다는 점이다. 호텔은 수개월 전에 예약하지 않으면 숙박하기 힘들 정도로 인기가 높다.

지도 P.145-C1 발음 무지루시료오힌긴자 주소 中央区銀座3-3-5 전화 03-3538-1311 운영 11:00~21:00, 1월 1일 휴무 가는 방법 도쿄메트로 東京メトロ 긴자 銀座 선 긴자 銀座 역 B4 출구에서 도보 3분 WEB shop.muji.com/jp/ginza 면세카운터 4층

다이소 마로니에 게이트

DAISOマロニエゲート

2022년 4월 등장한 다이소의 글로벌 플래그십 스토어. 316평 규모의 넓은 공간에 2만 3천여 개의 상품 수를 자랑한다. 특히 스킨케어, 메이크업, 네일 등 미용 아이템이 풍부하다. 다이소 뿐만 아니라 다이소 산업의 균일가 (300엔) 숍 브랜드인 스탠다드 프로덕츠(Standard Products)와 쓰리피(THREEPPY)도 입점하여 함께 운영 중이다. 각 숍의 규모도 130평과 51평에 달하는 등 구경만으로 수시간 머물 수 있을 정도다.

지도 P.145-C1 발음 다이소오마로니에게에토 주소 中央区銀座3-2-1 マロニエゲート銀座2 6F 전화 03-3538-1311 운영 11:00~21:00, 1월 1일 휴무 가는 방법 도쿄메트로 東京メトロ 긴자 銀座 선 긴자 銀座 역 C8 출구에서 도보 3분 WEB shop.muji.com/jp/ginza 면세카운터 매장 내

유니클로 도쿄 UNIQLO TOKYO

1층부터 4층까지 1500평의 일본 국내 최대급 규모인 유니클로 글로벌 플래그십 스토어. 1층은 기능성 의류와 유명 디자이너와의 협업 아이템을 중심으로 진열되어 있다. 2층은 여성, 3층은 남성 의류이며 4층은 유아, 아동복이 있다. 4층 한편에는 유니클로의 독자적인 티셔츠 라인 UT의 역대 디자인 전시실과 아이들을 위한 독서 코너가 마련되어 있다. 5층에는 자매 브랜드인 GU도 있다.

지도 P.145-C1 발음 유니크로토오쿄오 주소 中央区銀座3-2-1 マロニエゲート銀座2 1~4F 전화 03-5159-3931 운영 11:00~21:00, 1월 1일 휴무 가는 방법 도쿄메트로 東京メトロ 긴자 銀座 선 긴자 銀座 역 C8 출구에서 도보 3분 WEB map.uniqlo.com/jp/ja/detail/10101701 면세카운터 매장

도쿄역

마루빌딩 丸ビル

사무용 빌딩과 쇼핑센터가 일체화된 복합시설. 이 지역의 체계적인 도시계획으로 인해 2002년 지금의 모습으로 재탄생하면서 기존의 명칭인 '마루노우치빌딩(丸ノ内ビルヂング)'에서 '마루빌딩'으로 개칭하였다. 지하 1층부터 지상 4층까지는 쇼핑존, 5층과 6층, 35층과 36층은 레스토랑존으로 구분되어 있다.

지도 P.146-B2 발음 마루비루 주소 千代田区丸の内2-4-1 전화 03-5218-5100 운영 [숍] 월~토요일 11:00~21:00, 일요일 및 공휴일 11:00~20:00, [레스토랑] 월~토요일 11:00~23:00, 일요일 및 공휴일 11:00~22:00, 1월 1일 휴무 가는 방법 JR 전철 츄오 中央 선 도쿄 東京 역 마루노우치 남쪽 丸の内南 출구에서 도보 1분 WEB www.marunouchi.com/building/marubiru 면세카운터 일부 매장에서 실시

신마루빌딩 新丸ビル

도쿄역 정면에 마루빌딩(丸ビル)과 나란히 우뚝 서 있는 복합시설. 마루빌딩과 마찬가지로 건물 내에 사무용 빌딩과 쇼핑센터가 함께 들어서 있는 형태이다. 지하 1층~지상 4층 쇼핑존은 개성과 센스를 겸비한 숍이 다수 입점 있다. 5~7층 레스토랑 중 7층에 특별 개설한 '마루노우치하우스(丸の内ハウス)'는 도쿄역이 한눈에 보이는 테라스가 마련되어 있어 분위기 있는 한 끼 식사를 즐길 수 있다.

지도 P.146-B2 발음 신마루비루 주소 千代田区丸の内1-5-1 전화 03-5218-5100 운영 [숍] 월~토요일 11:00~21:00, 일요일 및 공휴일 11:00~20:00, [레스토랑] 월~토요일 11:00~23:00, 일요일 및 공휴일 11:00~22:00, 1월 1일 휴무 가는 방법 JR 전철 츄오 中央 선 도쿄 東京 역 마루노우치 중앙 丸の内中央 출구에서 도보 1분 WEB www.marunouchi.com/building/shinmaru 면세카운터 일부 매장에서 실시

다이마루도쿄 大丸東京

일본 전국 13개 지점을 운영 중인 노포백화점의 도쿄지점. JR 전철 도쿄역과 바로 연결되는 편리한 접근성, 지하 2층부터 13층까지 빽빽하게 들어선 각종 브랜드들, 외국인 고객에 한해 제공되는 5% 할인혜택 등 다양한 이점을 가지고 있다. 8~10층에 생활용품 전문점 '토큐핸즈(東急ハンズ)'가 자리한다.

지도 P.147-C2 발음 다이마루토오쿄오 주소 千代田区丸の内1-9-1 전화 03-3212-8011 운영 지하 1층~11층 10:00~20:00, 12층 레스토랑 11:00~22:00, 13층 레스토랑 11:00~23:00, 1월 1일 및 부정기 휴무 가는 방법 JR 전철 츄오 中央 선 도쿄 東京 역 야에스북쪽 八重洲北 출구에서 바로 연결 WEB www.daimaru.co.jp/tokyo 면세카운터 12층

성품생활 니혼바시 誠品生活日本橋

대만을 대표하는 서점 브랜드인 성품서점(誠品
書店)의 일본 진출 1호점. 870평의 면적에 서
점, 셀렉트숍, 식당 및 식료품, 문구 등 4개 존으
로 나뉘어 있다. 식당 코너에서 눈여겨봐야 할
음식점은 대만요리 전문점 후진트리(富錦樹台
菜香檳)와 대만 차 전문 살롱 왕다추안(王德傳).
두 곳 모두 일본에 처음으로 발을 내딛었다. 문
구 코너는 성품서점의 오리지널 상품과 전 세계
에서 엄선된 상품이 총망라되어 있다.

지도 P.147-D1 **발음** 세에힌세에카츠니혼바시 **주
소** 中央区日本橋室町3-2-1 COREDO室町テラス 2F
전화 03-6225-2871 **운영** 11:00~20:00(후진트리
11:00~22:00), 부정기 휴무 **가는 방법** 도쿄메트로 東京
メトロ 긴자 銀座 선 미츠코시마에 三越前 역 A8 출구에
서 도보 2분 **WEB** www.eslitespectrum.jp

코레도 니혼바시 コレド日本橋

지하철 도쿄메트로 니혼바시(日本橋) 역에서 바
로 연결된 상업시설. 오랜 역사를 지닌 백화점,
노포의 전통은 살리되 유행을 반영한 현대적인
스타일의 의식주를 제안한다. 오피스 가의 직장
인을 의식해 평일에는 매장은 20:00까지, 레스
토랑은 23:00까지 운영을 한다. 추천 매장으로
는 엄선한 원료로 만든 천연 화장품 마크스앤웹
(MARKS&WEB), 천연&유기농 화장품 전문
셀렉트 숍 코스메 키친(Cosme Kitchen), 프
랑스 전문 잡화 숍 프레미 콜로미(Plame Col-
lome), 니혼바시스러운 아이템을 엄선해 한자
리에 모아둔 유나이티드 애로우즈(UNITED
ARROWS) 등이 있다.

지도 P.147-D1 **발음** 코레도니혼바시 **주소** 中央区
日本橋1-4-1 **전화** 매장마다 상이 **운영** [지하 1층~3층]
11:00~20:00, [지하 1층 델리푸드] 월~금요일 10:00~
22:00, 토~일요일 및 공휴일 10:00~21:00, [4층 레스
토랑] 월~금요일 11:00~23:00, 토~일요일 및 공휴일
11:00~22:00, 부정기 휴무 **가는 방법** 도쿄메트로 東
京メトロ 토자이 東西 선 니혼바시 日本橋 역 C3 출구에서 바로 연결 **WEB** mitsui-shopping-park.com/urban/
nihonbashi **면세카운터** 일부 매장

아키하바라

라디오회관 秋葉原ラジオ会館

아키하바라를 대표하는 랜드마크로 지하 1층, 지상 10층 건물의 마니아와 오타쿠를 위한 상업시설이다. 2014년에 1950년 개업부터 60년 넘도록 영업해 온 본관 건물을 폐관하고 지금의 자리로 새롭게 터를 잡았다. 이전 건물에는 가전제품, 컴퓨터, 완구, 서적 등을 판매하는 점포가 입점하고 있었으나 현재 건물에는 주로 피규어, 굿즈, 애니메이션 CD, 게임소프트, 만화책 등 마니아층을 타깃으로 한 점포들이 다수 입점하고 있다.

지도 P.151-A3 ▶ **발음** 라지오카이칸 **주소** 千代田区外神田1-15-16 **전화** 03-3462-0111 **운영** 매장마다 상이 **가는 방법** JR 전철 아키하바라 秋葉原 역 덴키가이 電気街 출구에서 도보 1분 **WEB** www.akihabara-radiokaikan.co.jp

코토부키야 コトブキヤ

로봇 등의 조립 모형인 프라모델, 피규어를 제조, 판매하는 코토부키야가 운영하는 상업시설. 주로 애니메이션 관련 상품을 판매하고 있어 만화, 애니메이션 팬이라면 꼭 한 번 들러볼 만한 곳이다.

지도 P.151-A3 ▶ **발음** 코토부키야 **주소** 千代田区外神田1-8-8 **전화** 03-5298-6300 **운영** 12:00~20:00, 연중무휴 **가는 방법** JR 전철 아키하바라 秋葉原 역 덴키가이 電気街 출구에서 도보 2분 **WEB** www.kotobukiya.co.jp/store/akiba

만다라케 콤플렉스 まんだらけ コンプレックス

만화책 전문 중고서점으로 시작하여 피규어, 코스튬, 게임, 애니메이션 굿즈, 동인지 등 모든 장르의 마니아와 오타쿠를 겨냥한 중고상품 전문점. 희소가치를 고려한 가격 설정으로 중고 거래 시세의 기준점을 만든 곳으로 유명하다. ¥100짜리 만화책부터 수백만 엔을 호가하는 프리미엄 상품까지 다양한 상품 구성을 자랑한다.

지도 P.151-A2 ▶ **발음** 만다라케 콤푸렉크스 **주소** 千代田区外神田3-11-12 **전화** 03-3252-7007 **운영** 12:00~20:00, 연중무휴 **가는 방법** JR 전철 아키하바라 秋葉原 역 덴키가이 電気街 출구에서 도보 4분 **WEB** www.mandarake.co.jp/dir/cmp 면세카운터 5층

이케부쿠로

세이부이케부쿠로본점 西武池袋本店

1940년 무사시노데파트(武蔵野デパート)란 이름으로 문을 연 백화점으로 세이부화점의 본점이다. 1960년대 유럽의 고급 패션 브랜드를 적극적으로 들여놓기 시작하면서 두터운 고객층을 확보하면서 '패션 하면 세이부'라는 수식어가 붙게 되었다. 현재도 연간 방문객 수가 약 7,000만 명에 달하며 이는 일본 대형 백화점 중에서도 최상위에 속하는 수치다. 본관과 별관으로 이루어져 있으며, 본관 건물도 북쪽, 중앙, 남쪽으로 구역이 나누어져 있다. 로프트, 무인양품, 산세이도서점(三省堂書店), 드러그 스토어 아인즈앤토르페(アインズ＆トルペ) 등 백화점에서는 보기 드문 쇼핑 명소가 입점해 있는 것이 독특하다.

▶지도 P.152-B2 발음 세이부이케부쿠로혼텐 주소 豊島区南池袋1-28-1 전화 03-3981-0111 운영 월~토요일 10:00~21:00, 일요일 및 공휴일 10:00~20:00, [8층 레스토랑] 월~금요일 11:00~23:00, 토·일요일 및 공휴일 10:30~23:00, 부정기 휴무 가는 방법 JR 전철 이케부쿠로 池袋 역 동쪽 출구에서 바로 연결 WEB www.sogo-seibu.jp/ikebukuro 면세카운터 본관 1층

토부백화점 東武百貨店

1962년에 개점하여 세이부백화점과 함께 오랫동안 이케부쿠로를 지켜온 노포백화점. 본점 건물은 20~30대를 공략한 상업시설 루미네 이케부쿠로(ルミネ池袋)와 이어져 있어 자연스레 두 곳을 동시에 쇼핑할 수 있도록 했다.

지하 식품코너를 의미하는 '데파치카(デパ地下)'의 매장 면적이 일본 최대 규모를 자랑하는데 지하 1층은 주로 일본 전통 화과자와 초콜릿, 케이크 등 서양 디저트를, 지하 2층은 식료품, 반찬, 도시락 등을 취급하고 있다. 지상 9, 10층은 일본의 대표 SPA 브랜드 '유니클로(UNIQLO)'가 전 층을 차지하고 있으며, 11층부터 15층까지 무려 5개 층에 걸쳐 식당가가 형성되어 있는 점이 특징이다.

▶지도 P.152-B1 발음 토오부핫카텐 주소 豊島区西池袋1-1-25 전화 03-3981-2211 운영 지하 2~3층 10:00~20:00, 4~8층 10:00~19:00, 11~15층 레스토랑 11:00~22:00(일부 매장 상이), 부정기 휴무 가는 방법 JR 전철 이케부쿠로 池袋 역 서쪽 출구에서 바로 연결 WEB www.tobu-dept.jp/ikebukuro 면세카운터 2층

키치죠지

페이퍼 메시지 Paper Message

엽서, 편지지, 카드, 스티커 등 종이로 만든 문구
제품을 전문으로 한 곳으로, 대부분 페이퍼 메시
지의 디자이너들이 직접 디자인한 것들로 이루어
져 있다. 가게에 진열된 제품을 면밀히 살펴보면
구매욕을 불러일으키는 귀여운 일러스트와 재미
난 아이디어가 돋보인다. 고객이 원하는 디자인
의 카드나 명함을 한 장부터 제작할 수도 있다.

지도 P.153-C1 발음 페에파아멧세에지 주소 武蔵野市吉祥寺本町4-1-3 전화 042-227-1854 운영 11:00~19:00, 부정기 휴무 가는 방법 JR 전철 츄오 中央 선 키치죠지 吉祥寺 역 북쪽 출구에서 도보 6분 WEB www.papermessage.jp

내추럴 키친앤 NATURAL KITCHEN&

주방용품을 중심으로 한 생활잡화를 합리적인
가격에 만나볼 수 있는 숍. 좋은 품질과 예쁜 디
자인으로 승부하는 ¥100 균일가 숍 '내추럴키
친(ナチュラルキッチン)'의 상품은 물론 식기와
큰 사이즈의 잡화 등을 추가하여 더욱 다양한
상품을 판매하고 있다. 가격이 저렴하다고 해서
충동구매의 유혹에서 벗어날 순 없다.

지도 P.153-C1 발음 나츄라르킷친안도 주소 武蔵野市吉祥寺本町2-1-5 啓ビル1F 전화 0422-23-3103 운영 월~금요일 10:00~20:00, 토~일요일 및 공휴일 11:00~20:00, 부정기 휴무 WEB www.natural-kitchen.jp 가는 방법 JR 전철 츄오 中央 선 키치죠지 吉祥寺 역 북쪽 출구에서 도보 6분

칼디 커피 팜 KALDI Coffee Farm

자가 배전한 오리지널 커피원두와 세계 각국에서 수입한
식재료, 과자, 와인을 판매하는 식료품점. 케냐, 콜롬비
아 등 유명 생산국의 원두를 들여와 산미, 쓴맛, 바디감
등에 따라 취향에 맞는 커피를 고를 수 있다. 다른 슈퍼
마켓에서는 판매되지 않는 해외 향신료, 조미료, 제과제
빵 브랜드를 다수 취급하고 있다. 키치죠지 외에 도쿄스
카이트리, 나카메구로, 시모키타자와에도 지점이 있다.

지도 P.153-C1 발음 카루디코오히파무 주소 武蔵野市吉祥寺本町1-7-2 전화 042-220-1200 운영 10:00~21:00, 연중무휴 가는 방법 JR 전철 츄오 中央 선 키치죠지 吉祥寺 역 북쪽 출구에서 도보 3분 WEB www.kaldi.co.jp

ACCOMODATION
도쿄의 숙소

고급 호텔

파크 하얏트 도쿄
パークハイアット東京

오피스타운이 밀집한 신주쿠(新宿) 서쪽에 있는 호텔. 도쿄가스쇼룸, 리빙디자인센터오존, 더콘란숍 일본 본점이 자리한 신주쿠파크타워 39~52층에 위치한다. 신주쿠를 비롯한 도쿄의 멋진 풍경을 조망할 수 있으며 도시적인 세련된 인테리어가 특징이다.

지도 P.138-A3 ▶ 발음 파아크하얏뜨토오쿄오 주소 新宿区西新宿3-7-1-2 전화 03-5322-1234 요금 ¥52,000~ 와이파이 무료 체크인 15:00 체크아웃 12:00 가는 방법 토에이지하철 都営地下鉄 오오에도 大江戸 선 토쵸마에 都庁前 역에서 도보 8분 WEB tokyo.park.hyatt.com

더 페닌슐라 도쿄
ザ・ペニンシュラ東京

도쿄의 정치, 경제, 문화의 중심지 마루노우치(丸の内) 지역에 위치한 호텔. 코코(皇居), 히비야공원(日比谷公園) 등 관광 명소 부근에 위치하고 있으며 긴자(銀座)를 도보로 이동할 수 있어 편리하다. 현대적이면서도 일본 전통의 색을 가미한 인테리어가 인상적이다.

지도 P.144-B1 ▶ 발음 자페닌슈라토오쿄오 주소 千代田区有楽町1-8-1 전화 03-6270-2888 요금 ¥57,700~ 와이파이 무료 체크인 15:00 체크아웃 12:00 가는 방법 도쿄메트로 東京メトロ 히비야 日比谷 선 히비야 日比谷 역에서 바로 연결 WEB tokyo.peninsula.com

만다린 오리엔탈
マンダリン・オリエンタル東京

니혼바시미츠코시본점(日本橋三越本店), 코레도무로마치(コレド室町), 유이토(YUITO) 등 대형 상업시설이 밀집한 니혼바시 역 부근에 위치한 호텔. 미슐랭가이드 도쿄에서 '가장 쾌적한 호텔'로 뽑힐 만큼 룸 컨디션, 서비스, 위치 등을 모두 충족시켜준다.

지도 P.147-D1 ▶ 발음 만다린오리엔타루토오쿄오 주소 中央区日本橋室町2-1-1 전화 03-3270-8800 요금 ¥46,000~ 와이파이 무료 체크인 15:00 체크아웃 12:00 가는 방법 도쿄메트로 東京メトロ 긴자 銀座 선 미츠코시마에 三越前 역에서 바로 연결 WEB www.mandarinoriental.co.jp/tokyo

더 리츠칼튼 도쿄
ザ・リッツ・カールトン東京

롯본기(六本木)를 상징하는 대형상업시설의 양대산맥 가운데 하나인 '도쿄미드타운(東京ミッドタウン)' 내에 자리한 호텔. 저택에 온 듯한 편안함과 최고의 서비스를 추구한다. 이러한 기업 이념을 높이 평가 받아 품질경영 분야에서 최고의 권위를 자랑하는 '말콤볼드리지 국가품질상'을 수상했다.

지도 P.143-B1 ▶ 발음 자릿츠카아르톤토오쿄오 주소 港区赤坂9-7-1 전화 03-3423-8000 요금 ¥53,400~ 와이파이 무료 체크인 15:00 체크아웃 12:00 가는 방법 토에이지하철 都営地下鉄 오오에도 大江戸 선 롯본기 六本木 역 8번 출구에서 바로 연결 WEB www.ritzcarlton.com/jp/hotels/japan/tokyo

콘래드 도쿄 コンラッド東京

세계적인 호텔 체인 '힐튼 호텔'의 고급 브랜드. 긴자(銀座)와 츠키지시장(築地市場)이 인접한 시오도메(汐留)의 대표적인 호텔이다. 격식 높은 일본풍의 모던한 디자인과 손님에게 최선을 다하는 서비스를 특징으로 내세우고 있다.

지도 P.144-B3 ▶ 발음 콘랏도토오쿄오 주소 港区東新橋1-9-1 전화 03-6388-8000 요금 ¥45,800~ 와이파이 유료 체크인 15:00 체크아웃 12:00 가는 방법 토에이지하철 都営地下鉄 오오에도 大江戸 선 시오도메 汐留 역 9번 출구에서 도보 1분 WEB www.conradtokyo.co.jp

안다즈 도쿄 アンダーズ東京

유명 호텔 체인 하얏트의 부티크 호텔. 2014년 탄생한 새로운 상업 시설 '토라노몬힐즈(虎ノ門ヒルズ)' 내에 위치한다. 집에서 일상을 보내듯이 편안함과 안락함을 제공하고자 노력하고 있다. 심플하면서도 세련된 인테리어가 특징이다.

지도 P.133-C2 ▶ 발음 안다아즈토오쿄오 주소 港区虎ノ門1-23-4 전화 03-6830-1234 요금 ¥40,000~ 와이파이 무료 체크인 15:00 체크아웃 12:00 가는 방법 도쿄메트로 東京メトロ 긴자 銀座 선 토라노몬 虎ノ門 역 4번 출구에서 도보 5분 WEB tokyo.andaz.hyatt.com

샹그릴라호텔 도쿄
シャングリ・ラ ホテル東京

도쿄의 중앙역인 도쿄역 부근 마루노우치(丸の内) 지역에 위치한 럭셔리 호텔 체인. 호텔 스텝이 도쿄역 플랫폼까지 마중을 나가는 '밋앤그리트 서비스'를 실시하고 있다. 호텔 서쪽 객실에서는 100년 전 모습으로 복원된 도쿄 역사를 한눈에 들여다 볼 수 있다.

지도 P.147-C2 ▶ 발음 샹그리라호테루토오쿄오 주소 千代田区丸の内1-8-3 전화 03-6739-7888 요금 ¥49,600~ 와이파이 무료 체크인 15:00 체크아웃 12:00 가는 방법 JR 전철 츄오 中央 선 도쿄 東京 역 야에스키타 八重洲北 출구에서 도보 2분 WEB www.shangri-la.com/jp/tokyo/shangrila

포시즌스호텔 마루노우치 도쿄
フォーシーズンズホテル丸の内東京

깔끔하게 정돈된 세련된 분위기의 호텔. 객실 수는 다른 호텔에 비해 적은 편이지만 각 객실의 넓이가 44평 이상으로 매우 넓은 것이 장점이다. 일본 호텔 중에서는 처음으로 이탈리아의 럭셔리 브랜드 '에트로(ETRO)'의 어메니티를 제공한다.

지도 P.147-C3 ▶ 발음 포오시이즌호테루마루노우치토오쿄오 주소 千代田区丸の内1-11-1 전화 03-5222-7222 요금 ¥52,800~ 와이파이 무료 체크인 15:00 체크아웃 12:00 가는 방법 JR 전철 츄오 中央 선 도쿄 東京 역 야에스미나미 八重洲南 출구에서 도보 3분 WEB www.fourseasons.com/jp/tokyo

아만 도쿄 アマン東京

세계 각지에 럭셔리 리조트 호텔을 보유한 아만 그룹이 처음으로 선보이는 도시형 호텔. 현대와 전통을 융합한 모던한 인테리어를 내세워 편안한 안식처를 제공하겠다는 포부가 담겨 있다. 객실뿐만 아니라 레스토랑, 라운지, 카페 등 다이닝 공간도 인기가 높다.

지도 P.146-B1 ▶ 발음 아망토오쿄오 주소 港区赤坂9-7-1 전화 03-3423-8000 요금 ¥91,500~ 와이파이 무료 체크인 15:00 체크아웃 12:00 가는 방법 도쿄메트

로 東京メトロ 토자이 東西 선 오오테마치 大手町 역 츄오中央 출구에서 바로 연결 **WEB** www.aman.com/resorts/aman-tokyo

제국호텔 도쿄 帝国ホテル東京

일본을 대표하는 호텔 브랜드. 1890년 문을 연 이래 지금도 변함없이 일본 최고의 호텔로 명성을 떨치고 있다. 본관 14~16층 '임패리얼플로어', 30, 31층 '프리미엄타워플로어'는 더욱 쾌적하고 편안하게 숙박할 수 있도록 만든 특별층이다.

지도 P.144-A2 ▶ **발음** 테에코쿠호테루토오쿄오 **주소** 千代田区内幸町1-1-1 **전화** 03-3504-1111 **요금** ¥38,500~ **와이파이** 무료 **체크인** 14:00 **체크아웃** 12:00 **가는 방법** 도쿄메트로 東京メトロ 히비야 日比谷 선 히비야 日比谷 역에서 도보 3분 **WEB** www.imperialhotel.co.jp/j/tokyo

호텔 뉴 오타니 ホテルニューオータニ

제국호텔(帝国ホテル), 호텔오오쿠라(ホテルオークラ)와 함께 일본 3대 브랜드 호텔로 꼽히는 호텔. 호텔 내에 자리한 정원은 400년의 역사를 자랑하는 일본식 정원으로, 일본의 전통 문화를 느낄 수 있고 풍경도 아름다워 큰 인기를 끌고 있다.

지도 P.133-C2 ▶ **발음** 호테루뉴오오타니 **주소** 千代田区紀尾井町4-1 **전화** 03-3265-1111 **요금** ¥53,400~ **와이파이** 무료 **체크인** 15:00 **체크아웃** 12:00 **가는 방법** 도쿄메트로 東京メトロ 긴자 銀座 선 아카사카미츠케 赤坂見附 역 D 출구에서 도보 3분 **WEB** www.newotani.co.jp/tokyo

호시노야 도쿄 星のや東京

일본 각지에 다수의 전통 료칸을 운영하는 호시노리조트가 도쿄에 도시형 료칸을 오픈했다. 객실이 일반적인 호텔이 아닌 료칸에서 묵는 것같이 신발을 벗고 지낼 수 있다. 상업 시설 '오오테마치피난셜시티(大手町フィナンシャルシティ)'가 인접해 있어 맛집과 쇼핑을 즐기기에도 제격이다.

지도 P.146-B1 ▶ **발음** 호시노야토오쿄오 **주소** 千代田区大手町1-9-1 **전화** 0570-073-066 **요금** ¥61,500~ **와이파이** 무료 **체크인** 15:00 **체크아웃** 12:00 **가는 방법** JR 전철 츄오 中央선 도쿄 東京 역 마루노우치츄오 丸の内中央 출구에서 도보 10분 **WEB** hoshinoyatokyo.com

---

비즈니스 호텔

호텔 그레이스리 신주쿠
ホテルグレイスリー新宿

신주쿠(新宿) 동쪽의 중심지 카부키쵸(歌舞伎町)에 위치한 호텔. 상업시설 '신주쿠토호빌딩(新宿東宝ビル)' 내에 위치하며 일본 괴수영화의 대표적인 캐릭터인 '고질라(ゴジラ)'의 거대한 오브제가 설치되어 있는 점도 독특하다.

지도 P.139-C1 ▶ **발음** 호테루그레이스리신주쿠 **주소** 新宿区歌舞伎町1-19-1 **전화** 03-6833-1111 **요금** ¥17,700~ **와이파이** 무료 **체크인** 14:00 **체크아웃** 11:00 **가는 방법** JR 전철 야마노테元 山手 선 신주쿠 新宿 역 동쪽 출구에서 도보 5분 **WEB** gracery.com/shinjuku

신주쿠 워싱턴호텔
新宿ワシントンホテル

고층빌딩이 즐비한 신주쿠 서쪽에 자리한 비즈니스 호텔. 본관과 신관 합쳐 1,616실로 최대 규모를 자랑한다. 나리타 국제공항과 하네다 공항에서 호텔까지 직통 리무진 버스가 있으며, 신주쿠 역에서도 도보 8분으로 교통이 편리하다. 여성전용층도 운영하고 있다.

지도 P.138-A3 ▶ **발음** 신주쿠와싱톤호테루 **주소** 港区赤坂9-7-1 **전화** 03-3423-8000 **요금** ¥10,300~ **와이파이** 무료 **체크인** 14:00 **체크아웃** 11:00 **가는 방법** JR 전철 야마노테 山手 선 신주쿠 新宿 역 남쪽 출구에서 도보 8분 **WEB** www.shinjyuku-wh.com

시타딘 신주쿠 シタディーン新宿

신주쿠교엔(新宿御苑) 부근에 위치한 아파트먼트형 호텔로 장기 체류를 하거나 취사를 원하는 개인 여행객에게 추천한다. 객실에는 부엌이 마련되어 있으며 인덕션, 전자레인지, 토스터, 전기포트, 주방기구, 식기 등이 구비되어 있다.

지도 P.139-D2 **발음** 시타디인신주쿠 **주소** 新宿区新宿1-28-13 **전화** 03-5379-7208 **요금** ¥12,300~ **와이파이** 무료 **체크인** 15:00 **체크아웃** 12:00 **가는 방법** 도쿄메트로 東京メトロ 마루노우치 丸の内 선 신주쿠교엔마에 新宿御苑前 역 2번 출구에서 도보 5분 **WEB** www.citadines.jp/shinjuku

시부야 그랑벨호텔 渋谷グランベルホテル

도쿄 최대의 번화가 시부야(渋谷)에 자리한 비즈니스 호텔. '미니멈', '팝', '아티스틱'을 콘셉트로 한 개성 있고 깔끔한 객실 분위기가 특징이다. 조식은 일본 정식, 서양식, 프렌치토스트세트, 샐러드 바 중에서 선택할 수 있다.

지도 P.135-C3 **발음** 시부야그랑베루호테루 **주소** 渋谷区桜丘町15-17 **전화** 03-5457-2681 **요금** ¥23,000~ **와이파이** 무료 **체크인** 14:00 **체크아웃** 11:00 **가는 방법** JR 전철 야마노테 山手 선 시부야 渋谷 역 서쪽 출구에서 도보 3분 **WEB** www.granbellhotel.jp/shibuya

도미인 프리미엄 시부야진구마에 ドーミーインPREMIUM渋谷神宮前

호텔 내부에 남녀별 욕탕과 사우나가 있는 독특한 콘셉트의 호텔. 호텔에서 시부야 역으로 향하는 무료 셔틀버스를 운행하고 있으며, 자전거도 대여해준다. 이와 같은 도미인만의 서비스 덕분에 숙박객의 만족도도 괜찮은 편이다. 호텔 내 스파를 무료로 이용할 수 있다.

지도 P.136-A2 **발음** 도오미이인프레미아무시부야진구마에 **주소** 渋谷区神宮前6-24-4 **전화** 03-5774-5489 **요금** ¥17,000~ **와이파이** 무료 **체크인** 15:00 **체크아웃** 11:00 **가는 방법** 도쿄메트로 東京メトロ 치요다 千代田 선 메이지진구마에 明治神宮前 역 7번 출구에서 도보 6분 **WEB** www.hotespa.net/hotels/shibuya

신주쿠 프린스호텔 新宿プリンスホテル

신주쿠(新宿) 카부키쵸(歌舞伎町)에 눈에 띄게 우뚝 솟아 있는 호텔. 건물 내에는 사철 세이부신주쿠(西武新宿) 역과 상업 시설 세이부신주쿠페페(西武新宿ペペ)가 자리한다. 호텔 내부에 외국인 관광객을 위한 안내소를 운영하고 있다(1층).

지도 P.139-C1 **발음** 신주쿠프린스호테루 **주소** 新宿区歌舞伎町1-30-1 **전화** 03-3205-1111 **요금** ¥14,300~ **와이파이** 무료 **체크인** 13:00 **체크아웃** 11:00 **가는 방법** JR 전철 야마노테 山手 선 신주쿠 新宿 역 동쪽 출구에서 도보 5분 **WEB** www.princehotels.co.jp/shinjuku

밀레니엄 미츠이가든호텔 도쿄 ミレニアム 三井ガーデンホテル 東京

긴자의 과거와 현재, 미래를 콘셉트로 한 호텔. 긴자의 고급스러운 분위기가 잘 느껴질 수 있도록 내부 인테리어에 신경을 썼고 쾌적한 잠자리를 위해 베개, 매트리스 등 침구류에도 심혈을 기울였다.

지도 P.145-C2 **발음** 미레니아무미츠이가야덴호테루토쿄쿄오 **주소** 中央区銀座5-11-1 **전화** 03-3549-3331 **요금** ¥15,000~ **와이파이** 무료 **체크인** 15:00 **체크아웃** 12:00 **가는 방법** 도쿄메트로 東京メトロ 긴자 銀座 선 긴자 銀座 역 A5 출구에서 도보 2분 **WEB** www.gardenhotels.co.jp/millennium-tokyo

호텔 빌라폰테뉴 도쿄시오도메 ホテルヴィラフォンテーヌ東京汐留

미츠이부동산(住友不動産)이 운영하는 호텔 체인. 긴자, 츠키지시장으로의 접근성이 좋으며 깔끔하고 모던한 인테리어가 특징이다. 전 객실에 와이드베드를 배치한 점, 무료 조식, 피트니스센터 운영 등 장점도 고루 갖췄다.

지도 P.144-A3 **발음** 호테루비라폰테에누토오쿄오시오도메 **주소** 港区東新橋1-9-2 **전화** 03-3569-2220 **요금** ¥11,500~ **와이파이** 무료 **체크인** 15:00 **체크아웃** 11:00 **가는 방법** 토에이지하철 都営地下鉄 오오에도 大江戸 선 시오도메 汐留 역 9번 출구에서 도보 1분 **WEB** www.hvf.jp/shiodome

슈퍼호텔 로하스 도쿄에키 야에스츄오구치
スーパーホテルLohas東京駅八重洲中央口

미국 시장조사 업체 J.D파워로부터 숙박객 만족도 2년 연속 1위에 오른 호텔. 건강과 관광을 콘셉트로 한 호텔 내부에는 피부 건강과 혈액 순환에 좋은 대욕탕이 마련되어 있으며 전 객실 금연을 실시하고 있다.

지도 P.147-C2 ▶ **발음** 스으파아호테루로하스토오쿄오에키야에스츄오구치 **주소** 中央区八重洲2-2-7 **전화** 03-3241-9000 **요금** ¥13,900~ **와이파이** 무료 **체크인** 15:00 **체크아웃** 11:00 **가는 방법** JR 전철 츄오 中央 선 도쿄 東京 역 야에스츄오 八重洲中央 출구에서 도보 3분 **WEB** www.superhotel.co.jp/s_hotels/yaesu

호텔 마이스테이즈 아사쿠사
ホテルマイステイズ浅草

도쿄를 비롯해 일본 각지에 호텔을 운영 중인 마이스테이즈의 아사쿠사지점. 객실에서 도쿄 스카이트리(東京スカイツリー)가 보이며 아사쿠사의 관광명소도 한눈에 볼 수 있다. 자전거, 포켓와이파이 대여 서비스를 시행하며 전 객실에 미니 주방도 마련되어 있다.

지도 P.150-C2 ▶ **발음** 호테루마이스테이즈아사쿠사 **주소** 墨田区本所1-21-11 **전화** 03-3626-2443 **요금** ¥4,200~ **와이파이** 무료 **체크인** 15:00 **체크아웃** 11:00 **가는 방법** 토에이지하철 都営地下鉄 오오에도 大江戸線 쿠라마에 蔵前 역 A7 출구에서 도보 4분 **WEB** www.

mystays.com/ja/hotel/tokyo/hotel-mystays-asakusa

더비 이케부쿠로 ザ・ビー池袋

스타일리시한 인테리어의 비즈니스 호텔. 고객에게 최선을 다하여(Best) 가격 이상의 만족감을 드릴 수 있도록(Beyond Expectation) 약속할 것이며 잠자리(Bed)와 인테리어 디자인의 쾌적함과 기능성이 균형이 잘 맞도록(Balance) 하겠다는 의미에서 붙여진 이름이다.

지도 P.152-C1 ▶ **발음** 자비이케부쿠로 **주소** 豊島区東池袋1-39-4 **전화** 03-3980-1911 **요금** ¥9,800~ **와이파이** 무료 **체크인** 15:00 **체크아웃** 11:00 **가는 방법** JR 전철 야마노테 山の手 선 이케부쿠로 池袋 역 동쪽 출구에서 도보 3분 **WEB** ikebukuro.theb-hotels.com

렘아키하바라 レム秋葉原

아키하바라(秋葉原) 지역이 지닌 활발함과 자유로움, 샤프함을 모티브로 한 호텔. 전기압을 사용한마사지 체어가 구비되어 있으며, 침구 전문회사와의 협업으로 탄생한 침구류로 편안한 잠자리를 제공한다. 여성전용층을 운영하여 혼자 숙박하는 여성 고객도 배려하고 있다.

지도 P.151-B4 ▶ **발음** 레무아키하바라 **주소** 千代田区神田佐久間町1-6-5 **전화** 03-3423-8000 **요금** ¥12,100~ **와이파이** 무료 **체크인** 14:00 **체크아웃** 12:00 **가는 방법** JR 전철 야마노테 山手 선 아키하바라 秋葉原 역 중앙 출구에서 바로 연결 **WEB** www.remm.jp/akihabar

---

호스텔

이마노 도쿄 호스텔 Imano Tokyo Hostel

신주쿠산쵸메(新宿3丁目) 역에서 도보 7분 거리에 위치한다. 호텔이 많은 신주쿠 지역 역세권에 자리한 보기드문 호스텔이다. 남성, 여성 전용으로 나뉜 도미토리룸 외에 4~5명이 한 방에 투숙 가능한 패밀리룸도 제공한다. 1층 카페&바에서는 다양한 음료와 아침식사를 즐길 수 있다.

지도 P.139-D1 ▶ **발음** 이마노토오쿄오호스테루 **주소** 新宿区新宿5-12-2 **전화** 03-5362-7161 도미토리 ¥4,000~/인, 패밀리룸 ¥5,500~/인 **와이파이** 무료 **체크인** 16:00~23:00 **체크아웃** 11:00 **가는 방법** 도쿄메트로 東京メトロ 마루노우치 丸ノ内線 선, 후쿠토신 副都心 선 신주쿠산쵸메新宿3丁目 역 E2 출구에서 도보 3분 **WEB** imano.jp/shinjuku

누이 호스텔 앤 바 라운지
Nui Hostel & Bar Lounge

쿠라마에 역에서 도보로 5분 거리에 위치한다. 깔끔한 인테리어로 많은 여행자들에게 인기를 끌고 있다. 1층 라운지는 08:00부터 18:00까지는 카페로 18:00부터 01:00까지는 바로 변신하는데 특히 밤에는 투숙객뿐만 아니라 외국인과 교류하고 싶은 현지인도 많이 찾는다.

▶ 지도 P.150-B2 ▶ 발음 누이호스테루안도바라운지 주소 台東区蔵前2-14-13 전화 03-6240-9854 요금 도미토리 ￥3,600~/인, 더블룸 ￥11,800~/객실 와이파이 무료 체크인 16:00~23:00 체크아웃 11:00 가는 방법 도영지하철 都営地下鉄 토에이오오에도 都営大江戸선 쿠라마에 蔵前역 A7번 출구에서 도보 5분 WEB backpackersjapan.co.jp/nuihostel

토코 호스텔
toco Tokyo Heritage Hostel

이리야 역에서 도보 1분 거리에 위치한다. 지은지 100년 가까이 된 전통 가옥에 자리하여 현대식 건물이 주를 이루는 여타 호스텔과 차별화된 점이 눈길을 끈다. 자매호스텔인 누이 호스텔과 마찬가지로 바 라운지를 운영하고 있어 현지인과 교류할 수 있다. 도미토리룸과 바닥에 이불을 깔고 취침을 하는 일본 전통 다다미방 중 선택하여 예약할 수 있다.

▶ 지도 P.133-D1 ▶ 발음 토코토오쿄오호스테루 주소 台東区下谷2-13-21 전화 03-6458-1686 요금 ￥3,500~/인, 더블룸 ￥16,000~/객실 와이파이 무료 체크인 16:00~22:00 체크아웃 11:00 가는 방법 도쿄메트로 東京メトロ 히비야 日比谷 선 이리야 入谷역 4번 출구에서 도보 1분 WEB backpackersjapan.co.jp/toco

언플랜 카구라자카
Unplan Kagurazaka

카구라자카 역에서 도보 5분 거리에 위치한다. 혼성, 여성전용 도미토리룸과 패밀리룸, 더블룸 등 4가지 형태의 방을 선택할 수 있다. 카페와 바로 변신하는 라운지에서 커피 한 잔과 칵테일을 즐길 수 있고 타코야키파티, 사케파티 등 다양한 이벤트를 개최한다.

▶ 지도 P.133-C1 ▶ 발음 안프란카구라자카 주소 新宿区天神町23-1 전화 03-6457-5171 요금 도미토리 ￥2,000~/인, 더블룸 ￥18,000~/객실 와이파이 무료 체크인 16:00~21:00 체크아웃 11:00 가는 방법 도쿄메트로 東京メトロ 토자이 東西 선 카구라자카 神楽坂 역 2번 출구에서 도보 3분 WEB unplan.jp/kagurazaka

그레이프 하우스 코엔지
Grape House Koenji

코엔지 역에서 도보 8분 거리에 위치한다. 도쿄에서 보기 드문 여성 전용 게스트하우스이다. 도미토리와 개인객실(최대 2명 투숙 가능)을 제공한다. 조리기구, 식기, 밥솥 등이 구비되어 있어 음식을 조리할 수 있고 냉장고와 전자레인지도 사용 가능하다. 발효 현미로 만든 오니기리(주먹밥)와 된장국, 장아찌 등으로 구성된 일본식 조식 서비스(07:00~10:00, 인당 ￥500)를 운영한다. 예약 시 요청하면 된다.

▶ 지도 P.132-B1 ▶ 발음 그레에푸하우스코오엔지 주소 東京都中野区大和町3-1-5 전화 03-3336-3320 요금 도미토리 ￥3,500~/인, 개인실 ￥9,400~/객실, 2인실 ￥4,000~/인 와이파이 무료 체크인 16:00~21:00 체크아웃 10:00 가는 방법 JR 전철 츄오 中央 선, 소부 総武 선 코엔지 高円寺 역 북쪽 출구에서 도보 8분 WEB grapehouse.jp

굿 디너 인 코팡
Good Diner Inn Copain

이탈리안 레스토랑 회사에서 운영하는 호스텔. 이케부쿠로 역에서 도보 10분 거리에 위치한다. 16인 혼성 도미토리와 10인 여성 전용 도미토리룸을 제공한다. 특히 1층 라운지는 카페 겸 바로 운영하고 있는데 식사를 즐길 수 있어 편리하다.

▶ 지도 P.152-D1 ▶ 발음 굳또디나인코팡 주소 豊島区上池袋1-8-1 전화 03-5972-1511 요금 ￥2,500~/인 와이파이 무료 체크인 15:00~22:00 체크아웃 10:00 가는 방법 JR 전철 야마노테 山手 선, 사이쿄 埼京 선 이케부쿠로 池袋역 27번 출구에서 도보 10분 WEB gooddinerinncopain.jphotel.site

도쿄 여행 준비

여권과 비자

1 여권 발급

여권을 처음으로 발급 받는 경우, 또는 유효기간 만료로 신규 발급 받는 경우로 나눌 수 있다. 여권 신청부터 발급까지는 보통 3일 정도가 소요되며, 유효기간이 6개월 미만 남은 여권의 경우 입국을 불허하는 국가가 있으므로 미리 확인하고 재발급 받아야 한다.

여권 발급 정보

발급대상
대한민국 국적을 보유하고 있는 국민
접수처
전국 여권사무 대행기관 및 재외공관
구비서류
여권발급신청서(외교부 여권 안내 홈페이지에서 다운로드 또는 각 여권발급 접수처에 비치된 서류 수령 가능), 여권용 사진 1매(6개월 이내에 촬영한 사진. 단, 전자여권이 아닌 경우 2매), 신분증, 병역관계서류(25~37세 병역미필 남성: 국외여행 허가서, 만 18~24세 병역 미필 남성: 없음, 기타 만 18세~37세 남성: 주민등록 초본 또는 병적증명서)
수수료
단수 여권 2만 원, 복수 여권 5년 4만 2,000원(26면) 또는 4만 5,000원(58면), 복수 여권 10년 5만 원(26면) 또는 5만 3,000원(58면)

2 비자 발급

국가 간 이동을 위해서는 원칙적으로 비자가 필요하다. 비자를 받기 위해서는 상대국 대사관이나 영사관을 방문해 방문 국가가 요청하는 서류 및 사증 수수료를 지불해야 하며 경우에 따라서는 인터뷰도 거쳐야 한다. 다만 국가 간 협정이나 조치에 의해 무비자 입국이 가능한 국가들이 있으니 자세한 국가 정보는 외교부 홈페이지를 통해 확인하자. 일본은 90일 이내 방문 시 무비자 입국이 가능하다.
외교부 홈페이지 www.passport.go.kr/new

증명서 발급

1 국제운전면허증

해외에서 렌터카를 이용하려면 국제운전면허증(www.safedriving.or.kr)을 발급받아야 한다. 신청 방법은 한국면허증, 여권, 증명사진 1장을 가지고 전국 운전면허시험장이나 가까운 경찰서로 가서 8,500원의 수수료를 내면 된다. 렌터카 이용 시에는 국제운전면허증뿐만 아니라 여권과 한국면허증을 반드시 모두 소지하고 있어야 한다.

> **Tip 영문 운전면허증 발급받기**
>
> 2019년 9월부터 발급되는 운전면허증 뒷면에는 소지자의 개인 정보와 면허 정보가 영문으로 표기된다. 이에 따라 최소 30개국에서 이 영문 면허증을 그대로 사용할 수 있다. 영문 운전면허증이 인정되는 국가는 도로교통공단 홈페이지를 통해 확인하자. 단, 일본은 해당 없음.
> 도로교통공단 홈페이지 www.koroad.or.kr

2 국제학생증

유적지, 박물관 등에서 다양한 할인 혜택을 받을 수 있다. 발급은 홈페이지를 통해 가능하며 유효 기간과 혜택에 따라 1만 7,000원~3만 4,000원의 수수료를 지불하면 된다.
국제학생증 홈페이지 www.isic.co.kr

3 병무/검역 신고

병무 신고
국외여행허가증명서를 제출해야 하는 대상자라면, 사전에 병무청에서 국외여행 허가를 받고 출국 당일 법무부 출입국에 들러 서류를 내야 한다. 출국심사 시 증명서를 소지하지 않으면 출국이 지연, 또는 금지될 수 있다.

[인천공항 법무부 출입국] 전화 032-740-2500~2 운영 06:30~22:00

병무신고 대상자
25세 이상 병역 미필 병역의무자(영주권으로 인한 병역 연기 및 면제자 포함) 또는 현재 공익근무요원 복무자, 공중보건의사, 징병전담의사, 국제협력의사, 공익법무관, 공익수의사, 국제협력요원, 전문연구요원, 산업기능요원 등 대체복무자.

검역 신고
사전에 입국하고자 하는 국가의 검역기관 또는 한국 주재 대사관을 통해 검역 조건을 확인하고, 요구하는 조건을 준비해야 한다. 공항에 도착하면 동물·식물 수출검역실을 방문하여 수출동물 검역증명서를 신청(항공기 출발 3시간 전)하여 발급받는다.

[축산관계자 출국신고센터] 전화 032-740-2660~1 운영 09:00~18:00

필수 구비 서류
광견병 예방접종증명서(생후 90일 미만은 불필요), 건강증명서(출국일 기준 10일 이내 발급) 추가 구비 서류 광견병 항체 결과증명서, 마이크로칩 이식, 사전수입허가증명서, 부속서류 등이 필요하다.

발급수수료 1만~3만 원

항공권 예약

항공권 가격은 여행 시기, 운항 스케줄, 항공편(항공사), 좌석 등급, 환승 여부, 수하물 여부, 마일리지 적립률 등에 따라 달라진다. 일단 여행 계획이 세워졌다면 가능한 빨리 항공권을 예매해야 저렴한 가격에 구할 수 있다. 스카이스캐너, 네이버항공권, 인터파크 등을 비롯한 온/오프라인 여행사와 소셜 커머스를 활용하면 보다 쉽게 항공권 가격을 비교할 수 있다.

전자항공권(E-ticket) 확인
항공권 결제가 끝나면 이메일로 전자항공권을 수령한다. 이 전자항공권은 예약번호만 알아두어도 실제 보딩패스를 발권하는 데 무리가 없으나, 만약을 대비해 출력하고 소지하는 것이 좋다.

Tip 항공권, 야무지게 예약하는 법

1 항공사 홈페이지 가격 비교 사이트를 주로 이용하는 여행자들이라면 항공사 홈페이지의 특가 상품을 간과하기 쉽다. 항공사에서는 출발일보다 1달, 혹은 그 이상 앞서 예약하는 이들을 위해 '얼리 버드' 상품을 내어 놓거나, 출발-도착일이 이미 정해진 특별 프로모션 상품을 왕왕 걸어둔다. 저렴한 항공권을 얻고 싶다면 항공사 SNS 계정이나 홈페이지를 자주 살필 것.

2 여행사 홈페이지 이른바 '땡처리' 항공권이 가장 많이 쏟아지는 플랫폼이 바로 여행사 홈페이지다. 주요 여행사 홈페이지에서 [항공] 카테고리로 들어가면 출발일이 임박한 특가 항공권을 확인할 수 있다. 이런 상품은 금세 매진되므로, 계획하고 있는 여정과 맞는 항공권이라면 주저하지 말고 예약하는 것이 좋다.

3 가격 비교 웹사이트·모바일 애플리케이션 가장 대중적인 항공권 예약 방법이다. 이때 해당 웹사이트의 모바일 애플리케이션을 활용하면 추가 할인 코드, 모바일 전용 상품 등을 통해 보다 다채로운 예약 혜택을 얻을 수 있다.

여행자 보험

사건 사고에 대처하기 힘든 해외 체류 기간 동안 여행자 보험은 여러모로 큰 힘이 되어준다. 보험 가입이 필수는 아니지만, 활동 중 상해를 입거나 물건을 도난 당하는 경우 등 불의의 사고로부터 금전적인 손실을 막을 수 있기 때문이다. 가입은 보험사 대리점이나 공항의 보험사 영업소 데스크를 직접 찾아가거나, 온라인/모바일 애플리케이션을 이용해 간단히 처리할 수 있다. 보험사에 따라 보장받을 수 있는 금액이나 보장 한도에 차이가 있으니 나에게 맞는 보험을 꼼꼼하게 따져보는 것이 좋다.

사고 발생 시 대처법

귀국 후 보험금을 청구할 때 반드시 제출해야 하는 서류는 다음과 같다.

해외 병원을 이용했을 시

진단서, 치료비 명세서 및 영수증, 처방전 및 약제비 영수증, 진료 차트 사본 등을 챙겨두자.

도난 사고 발생 시

가까운 경찰서에 가서 신고를 하고 분실 확인증명서(Police Report)를 받아 둔다. 부주의에 의한 분실은 보상이 되지 않으므로, 해당 내용을 '도난(stolen)' 항목에 작성해야 보험금을 청구할 수 있다.

항공기 지연 시

식사비, 숙박비, 교통비와 같은 추가 비용이 보장되는 보험에 가입한 경우에는 사용한 경비의 영수증을 함께 제출해야 한다.

여행 준비물

다음은 출국을 앞둔 여행자가 반드시 챙겨야 하는 여행 준비물 체크 리스트다. 기본 준비물 항목은 반드시 챙겨야 하는 필수 물품이고, 의류 잡화 및 전자용품과 생활용품은 현지 환경과 여행자 개인 상황에 따라 알맞게 준비하면 된다.

분류	준비물	체크	분류	준비물	체크
기본 준비물	여권		의류 및 잡화	상의 및 하의	
	여권 사본			속옷 및 양말	
	항공권 E-티켓			겉옷	
	여행자보험			운동화	
	현금(현지 화폐) 및 신용카드			실내용 슬리퍼	
	국제운전면허증 또는 국제학생증 (렌터카 이용 및 학생 할인에 사용)			보조가방	
	숙소 바우처			우산	
	현지 철도 패스		전자용품	멀티플러그	
	여행 가이드북			카메라	
	여행 일정표			휴대폰	
	필기도구			각종 충전기	
	상비약		생활용품	화장품	
	세면도구 및 수건			여성용품	

공항 가는 길

여행의 관문, 인천국제공항으로 떠난다. 탑승할 항공편에 따라 목적지는 제1여객터미널과 제2여객터미널로 나뉜다. 두 터미널 간 거리가 상당하므로(자동차로 20여 분 소요) 출발 전 어떤 항공사와 터미널을 이용하는지 반드시 체크해야 한다.

터미널 찾기
제1여객터미널(T1) 아시아나항공, 제주항공, 진에어, 티웨이항공, 이스타항공, 기타 외항사 취항
제2여객터미널(T2) 대한항공, 델타항공, 에어프랑스, KLM네덜란드항공, 아에로멕시코, 알이탈리아, 중화항공, 가루다항공, 샤먼항공, 체코항공, 아에로플로트 등 취항

자동차를 이용하는 경우
귀국 후 다시 자동차를 이용할 예정이라면, 인천국제공항 장기주차장을 이용해도 좋다. 소형차 1일 9,000원, 대형차 1일 12,000원이며 자세한 내용은 홈페이지를 통해 확인할 수 있다.
영종대교 방면
공항 입구 분기점에서 해당 터미널로 이동
인천대교 방면
공항신도시 분기점에서 해당 터미널로 이동
인천공항공사 www.airport.kr

공항리무진(서울·경기 지방버스)을 이용하는 경우
공항 도착
출발지 → 제1여객터미널 → 제2여객터미널
공항 출발
제2여객터미널 → 제1여객터미널 → 도착지
공항리무진 www.airportlimousine.co.kr

공항철도를 이용하는 경우
노선 서울역 → 공덕 → 홍대입구 → 디지털미디어시티 → 김포공항 → 계양 → 검암 → 청라 국제도시 → 영종 → 운서 → 공항화물청사 → 인천공항 1터미널 → 인천공항 2터미널
운영 일반열차 첫차 05:23, 막차 23:32(직통열차 첫차 05:20 막차 22:40) 공항철도 홈페이지 www.arex.or.kr

무료 순환버스(터미널 간 이동)
제1터미널 → 제2터미널: 15분 소요(15km), 제1터미널 3층 8번 출구에서 탑승(배차 간격 5분)
제2터미널 → 제1터미널: 18분 소요(18km), 제2터미널 3층 4,5번 출구에서 탑승(배차 간격 5분)
인천공항공사 www.airport.kr

> **Tip** 도심공항터미널에서 수속하기
> 서울역, 삼성동, 광명역에 위치한 도심공항터미널을 이용해 미리 탑승수속, 수화물 위탁, 출국심사에 이르는 과정을 마칠 수 있다. 다만 항공편이나 항공사 사정에 따라 이용 불가한 경우도 있으므로 사전에 홈페이지를 통해 상세 정보를 확인해야 한다.
>
> **서울역**
> 탑승수속 05:20~19:00(대한항공은 3시간 20분 전 수속 마감) | 출국심사 07:00~19:00
> 입주 항공사 대한항공, 아시아나항공, 제주항공(일본, 필리핀, 태국, 베트남, 말레이시아 노선만 수속 가능)
> 공항철도 홈페이지 www.arex.or.kr
>
> **삼성동**
> 탑승수속 05:20~18:30(항공기 출발 3시간 20분 전 수속 마감) | 출국심사 05:30~18:30
> 입주 항공사 대한항공, 아시아나항공, 제주항공, 타이항공, 싱가포르항공, 카타르항공, 중국동방항공, 상해항공, 중국남방항공, KLM네덜란드항공, 델타항공, 유나이티드항공, 에어프랑스, 이스타항공, 진에어
> 한국도심공항 홈페이지 www.calt.co.kr
>
> **광명역**
> 탑승수속 06:30~19:00(대한항공은 3시간 20분 전 수속 마감, 그 외 항공사는 3시간 전 수속 마감) | 출국심사 07:00~19:00
> 입주 항공사 대한항공, 아시아나항공, 제주항공, 진에어, 이스타항공 등
> 광명역 도심공항터미널 홈페이지 www.letskorail.com/ebizcom/cs/guide/terminal/terminal01.do

탑승 수속 & 출국

1 탑승 수속

공항에 도착했다면 탑승 수속(Check-in)을 시작해야 한다. 항공사 카운터에 직접 찾아가 체크인하는 것이 가장 일반적이지만, 무인단말기(키오스크)를 통해 미리 체크인을 한 뒤 셀프 체크인 전용 카운터를 이용해 수하물만 부쳐도 무방하다. 좌석을 직접 지정하고 싶다면 웹사이트나 모바일 애플리케이션을 이용해 미리 온라인 체크인을 해도 좋다(항공사마다 환경이 서로 다를 수 있다).

수하물 부치기

항공사 규정(부피, 무게 규정이 항공사마다 상이하다)에 따라 수하물을 부친다. 이때 위탁할 대형 캐리어는 부치고, 기내에서 소지할 보조가방은 챙겨 나온다. 위탁 수하물과 기내 수하물은 물품의 반입 가능 여부가 까다로우므로 아래체크 리스트를 미리 꼼꼼히 살펴야겠다. 수하물을 부칠 때 받는 수하물표(배기지 클레임 태그 Baggage Claim Tag)는 짐을 찾을 때까지 보관해야 한다.

반입 제한 물품

기내 반입 금지 물품 인화성 물질, 창과 도검류(칼, 가위, 기타 공구, 칼 모양 장난감 포함), 100㎖ 이상의 액체, 젤, 스프레이, 기타 화장품 등 끝이 뾰족한 무기 및 날카로운 물체, 둔기, 소화기류, 권총류, 무기류, 화학물질과 인화성 물질, 총포·도검·화약류 등 단속법에 의한 금지 물품

위탁 금지 수하물 보조배터리를 비롯한 각종 배터리, 가연성 물질, 인화성 물질, 유가증권, 귀금속 등(따라서 배터리, 귀금속, 현금 등 긴요한 물품은 기내 수하물로 반입하면 된다)

2 환전/로밍

환전

여행 중에는 소액이라도 현지 화폐를 비상금 명목으로 지니고 있는 것이 좋다. 따라서 환전은 여행 전 반드시 준비해야 하는 과정이다. 주요 통화가 쓰이는 경우는 물론, 현지에서 환전해야 하는 경우에도 미리 달러화를 준비해야 하기 때문이다. 환전은 시내 은행, 인천국제공항 내 은행 영업소, 온라인 뱅킹과 모바일 앱을 통해 처리할 수 있다. 자세한 방법은 p.22~23을 참고한다.

로밍

국내 통신사 자동 로밍을 이용하면 자신의 휴대 전화 번호를 그대로 해외에서 사용할 수 있다. 경우에 따라서는 현지 선불 유심을 구입하거나, 포켓 와이파이를 대여하는 것이 보다 합리적이다.

3 출국 수속

보딩패스와 여권을 확인 받았다면 이제 출국장으로 들어선다. 만약 도심공항터미널에서 출국 심사를 마쳤다면 전용 게이트를 통해 들어가면 된다(외교관, 장애인, 휠체어이용자, 경제인카드 소지자들도 별도의 심사대를 통해 출입국 심사를 받을 수 있다).

보안검색

모든 액체, 젤류는 100㎖ 이하로 1인당 1L이하의 지퍼락 비닐봉투 1개만 기내 반입이 허용된다. 투명 지퍼락의 크기는 가로·세로 20cm로 제한되며 보안 검색 전에 다른 짐과 분리하여 검색요원에게 제시해야한다. 시내 면세점에서 구입한 제품의 경우 면세점에서 제공받은 투명 봉인봉투 또는 국제표준방식으로 제조된 훼손 탐지 가능봉투로 봉인된 경우 반입이 가능하다. 비행 중 이용할 영유아 음식류나 의사의 처방전이 있는 모든 의약품의 경우도 반입이 가능하다.

출국 심사

검색대를 통과하면 출국 심사대에 닿는다. 심사관에게 여권과 보딩 패스를 제시하고 허가를 받으면 출국장으로 진입할 수 있는데, 이때 19세 이상 국민은 사전등록 절차 없이 자동출입국 심사대를 이용할 수 있다(만 7세~만 18세 미성년자의 경우 부모 동의 및 가족관계 확인 서류 제출). 개명이나 생년월일 변경 등의 인적 사항이 변경된 경우, 주민등록증 발급 후 30년이 경과된 국민의 경우 법무부 자동출입국심사 등록센터를 통해 사전등록 후 이용 가능하다.

> **Tip** 공항 내 주요 시설

긴급여권발급 영사민원서비스
여권의 자체 결함 또는 여권사무기관의 행정착오로 여권이 잘못 발급된 사실을 출국이 임박한 때에 발견하여 여권 재발급이 필요한 경우 단수여권을 발급받을 수 있다. 단, 여권발급신청서, 신분증(주민등록증, 유효한 운전면허증, 유효한 여권), 여권용 사진 2매, 최근 여권, 신청사유서, 당일 항공권, 긴급성 증빙서류(출장명령서, 초청장, 계약서, 의사 소견서, 진단서 등) 등 제출 요건을 갖춰야 한다.
위치 [제1여객터미널] 3층 출국장 G체크인 카운터 부근, [제2여객터미널] 2층 중앙홀 정부종합행정센터 **전화** 032-740-2777~8 **운영시간** 09:00~18:00 (토·일요일 근무, 법정공휴일은 휴무)

인하대학교병원 공항의료센터
위치 [제1여객터미널] 지하 1층 동편, [제2여객터미널] 지하 1층 서편 **전화** [제1여객터미널] 032-743-3119, [제2여객터미널] 032-743-708 **운영시간** 월~금요일 08:30~18:00(토요일 및 공휴일 ~15:00, 일요일 휴무)

유실물센터
위치 [제1여객터미널] 지하1층, [제2여객터미널] 2층 중앙 정부종합행정센터 내 **전화** T1 032-741-3110, T2 032-741-8988 **운영시간** 07:00~22:00

수화물보관·택배서비스
한진택배 **위치** 제1여객터미널 3층 B, N 체크인 카운터 부근

면세 구역 통과 및 탑승

면세 구역에서 구입한 물품 중 귀중품 및 고가의 물품, 수출 신고가 된 물품, 1만USD를 초과하는 외화 또는 원화, 내국세 환급대상(Tax Refund) 물품의 경우 세관 신고가 필수다. 탑승을 하기 위해서는 출발 40분 전까지 보딩 패스에 적힌 탑승구(gate)에 도착해 대기해야 한다. 제1여객터미널의 경우 여객터미널(1~50번)과 탑승동(101~132번)으로 탑승 게이트가 나뉘어 있다. 탑승동으로 가기 위해서는 셔틀 트레인을 이용해야 하므로 시간을 넉넉히 잡아야 한다. 제2여객터미널은 3층 출국장에 230~270번 게이트가 위치해 있다.

위급상황 대처법

1 공항에서 수하물을 분실했을 때

공항 내에서 수하물에 대한 책임 및 배상은 해당 항공사에 있기 때문에, 수하물 분실 시 공항 내 해당 항공사를 찾아가야 한다. 화물인수증 (Claim Tag)을 제시한 후 분실신고서를 작성하면 된다. 단, 공항 밖에서 수하물을 분실한 경우는 항공사에 책임이 없으므로, 현지 경찰서에 신고해야 한다. 물건 분실 및 도난이 발생했을 때를 참조한다.

2 물건 분실 및 도난이 발생했을 때

분실 신고 시 신분 확인이 필수이므로, 여권을 지참해야 한다. 여행 전 가입해 둔 여행자보험을 통해 보상을 받기 위해서는 현지 경찰서에서 작성해 주는 분실 확인 증명서(Police Report)을 꼭 챙겨야 한다. 현지어가 원활하지 못해 의사소통이 힘들 경우엔 외교부 영사콜센터의 통역 서비스를 이용하면 편리하다(영어, 중국어, 일본어, 베트남어, 프랑스어, 러시아어, 스페인어 등 7개 국어 지원).

여권 분실

현지 경찰서(경찰서는 케이사츠쇼(警察署), 파출소는 코오방(交番)이라 한다)에서 분실 확인 증명서(Police Report)을 받은 후, 대한민국 대사관 또는 총영사관으로 가서 분실 신고를 한다. 여권 재발급(귀국 날짜가 여유 있는 경우 발급에 1~2주 소요) 또는 여행 증명서(귀국일이 얼마 남지 않은 경우 바로 발급 가능)를 받으면 된다. 주로 바로 발급되는 여행 증명서를 신청한다.

신용카드 및 현금 분실(또는 도난)

특히 해외에서 신용카드 분실 시 위·변조 위험이 높으므로, 가장 먼저 해당 카드사에 전화하여 카드를 정지시키고 분실 신고를 해야 한다. 혹여 부정적으로 카드가 사용된 것이 확인될 경우, 현지 경찰서에서 분실 확인 증명서(Police Report)을 받아 귀국 후 카드사에 제출해야 한다. 해외여

행 시 잠시 한도를 낮춰 두거나 결제 알림 문자서비스를 이용하는 것도 예방 방법 중 하나다.

급하게 현금이 필요한 상황이라면, 외교부의 신속해외송금제도를 이용해보자. 국내에 있는 사람이 외교부 계좌로 돈을 입금하면 현지 대사관 또는 총영사관을 통해 현지 화폐로 전달하는 제도다. 1회에 한하며, 미화 기준 $3,000 이하만 가능하다.

홈페이지 외교부 신속해외송금제도 www.0404. go.kr/callcenter/overseas_remittance.jsp

휴대폰 분실

해당 통신사별 고객센터로 전화하여 분실 신고를 한다.

전화 SKT +82-2-6343-9000, KT +82-2-2190-0901, LGU+ +82-2-3416-7010

갑작스러운 부상 또는 여행 중 아플 때

현지 병원에서 진료를 받게 되면 국내 건강 보험이 적용되지 않아 상당 금액의 진료비가 청구된다. 이런 경우를 대비해 반드시 여행자보험을 가입하고 여행을 떠나는 것이 좋다.

긴급 연락처

긴급 전화 110

대한민국 영사콜센터

해외에서 위급한 상황에 처했을 경우 도움을 주기 위해 대한민국 정부에서 운영하는 24시간 전화 상담 서비스이며, 연중무휴로 운영된다.

전화 [국내 발신] 02-3210-0404, [해외 발신] 자동 로밍 시 +82-2-3210-0404, 유선전화 또는 로밍이 되지 않은 전화일 경우 현지국제전화코드 + 800-2100-0404 / + 800-2100-1304(무료), 현지국제전화 코드 + 82-2-3210-0404(유료)

주 일본 대한민국 대사관

주소 港区南麻布1-2-5 전화 03-3452-7611 운영 월~금요일 09:00~18:00(점심시간 12:00~13:15) 가는 방법 도쿄메트로 東京メトロ 난보쿠 南北선 아자부쥬방 麻布十番 역 2번 출구에서 도보 3분

여행 일본어

■ 인사하기

안녕하세요. (아침 인사)	おはようございます。	오하요 고자이마스
안녕하세요. (점심 인사)	こんにちは。	콘니치와
안녕하세요. (저녁 인사)	こんばんは。	콤방와
감사합니다.	ありがとうございます。	아리가또 고자이마스
실례합니다. (죄송합니다)	すみません。	스미마셍

■ 식당에서

메뉴를 볼 수 있을까요?	メニューをもらえますか。	메뉴오 모라에마스까
(메뉴를 가리키며) 이걸로 할게요.	これにします。	코레니 시마스
추천 메뉴는 무엇인가요?	お勧めは何ですか。	오스스메와 난데쓰까
계산서 주세요.	お会計をお願いします。	오카이케오 오네가이시마스
카드 결제 가능한가요?	クレジットカードは使えますか。	크레짓또카도와 츠카에마스까

■ 숙소에서

체크인하고 싶어요.	チェックインお願いします。	체크인 오네가이시마스
(종업원)여권을 보여주시겠어요?	パスポートお願いします。	파스포토 오네가이시마스
택시 좀 불러주시겠어요?	タクシーを呼んで下さい。	타크시오 욘데 쿠다사이
몇 시에 체크아웃인가요?	チェックアウトは何時ですか。	체크아우또 난지데쓰까
체크아웃하고 싶어요.	チェックアウトお願いします。	체크아우또 오네가이시마스

■ 쇼핑할 때

입어 봐도 되나요?	試着してもいいですか。	시차쿠시떼모 이이데스까
좀 더 큰(작은) 사이즈는 있나요?	もっと大きい(小さい)ものはありますか。	못또 오오키이(치이사이) 모노와 아리마스까
이 아이템의 다른 색은 있나요?	他の色はありますか。	호카노 이로와 아리마스까
이걸로 구매할게요.	これください。	코레 쿠다사이
얼마인가요?	いくらですか。	이쿠라데스까

■ 관광할 때

○○ 역은 어디인가요?	すみませんが、○○駅はどこですか。	스미마셍가 ○○에키와 도꼬데스까
주변에 은행이 있나요?	近くに銀行はありますか。	치카쿠니 깅꼬와 아리마스까
돈을 환전하고 싶어요.	両替がしたいのですが。	료가에가 시따이노데스가
사진촬영은 가능한가요?	写真を撮ってもいいですか。	샤싱오 톳떼모 이이데스까
화장실은 어딘가요?	トイレはどこですか。	토이레와 도꼬데스까

■ 병원&긴급할 때

구급차를 불러 주세요.	救急車を呼んでください。	규큐-샤오 욘데 구다사이
이 근처에 약국이 어디에 있습니까?	この近くに薬局がどこにありますか?	고노 치카쿠니 야쿄쿠가 도꼬니 아리마스까
○○○를(을) 사고 싶습니다.	○○○を買いたいです。	○○○오 카이타이데스
소화제	消化剤	쇼오카자이
진통제	痛み止め	이타미도메
감기약	風邪薬	카제구스리
해열제	解熱剤	게네츠자이
멀미약	酔い止め	요이토메
파스	湿布	십푸
설사약(지사제)	下痢止め	게리도메
○○○를(을) 주세요.	○○○をください。	○○○오 쿠다사이

■ 숫자

1	いち	이치	6	ろく	로쿠	한 개	ひとつ	히토츠	여섯 개	むっつ	뭇츠
2	二に	니	7	しち	나나, 시치	두 개	ふたつ	후타츠	일곱 개	ななつ	나나츠
3	さん	상	8	はち	하치	세 개	みっつ	밋츠	여덟 개	やっつ	얏츠
4	し	욘, 시	9	きゅう	큐	네 개	よっつ	욧츠	아홉 개	ここのつ	코코노츠
5	ご	고	10	じゅう	쥬	다섯 개	いつつ	이츠츠	열 개	とお	토오

Tip 번역 애플리케이션 사용하기

스마트폰 번역 애플리케이션을 이용하면 더욱 손쉽게 의견을 전달할 수 있다. 한글로 원하는 문장을 입력한 후 '번역' 버튼을 누르면 끝! 스피커 버튼을 누르면 음성 지원이 되어 더욱 편리하다. 대표적인 번역 애플리케이션으로는 구글 번역(Google Translate)과 포털 사이트 네이버가 만든 통·번역 앱 파파고(Papago)가 있다. 아이폰 사용자는 앱 스토어(App Store)에서, 안드로이드 사용자는 구글 플레이(Google Play)에서 앱을 다운로드 받아 사용한다.

Index

도쿄 전도

키치죠지 P.153

그레이프 하우스 코엔지
Grape House Koenji

츄오선(中央線)

마루노우치 선 丸ノ内線

세이부이케부쿠로 선 西武池袋線

세이부신주쿠 선 西武新宿線

오오에도 선 大江戸線

유라쿠쵸 선 有楽町線

미타카 역
三鷹駅

키치죠지 역
吉祥寺駅

니시오기쿠보 역
西荻窪駅

오기쿠보 역
荻窪駅

아사가야 역
阿佐ヶ谷駅

코엔지 역
高円寺駅

나카노 역
中野駅

히가

케이오이노카시라 선 京王井の頭線

케이오 선 京王線

케이오 선 京王線

오다큐 선 小田急線

토큐세타가야 선 東急世田谷線

토큐덴에토시 선 東急田園都市線

토큐오오이마치 선 東急大井町線

지유가오카
P.142

1km

N

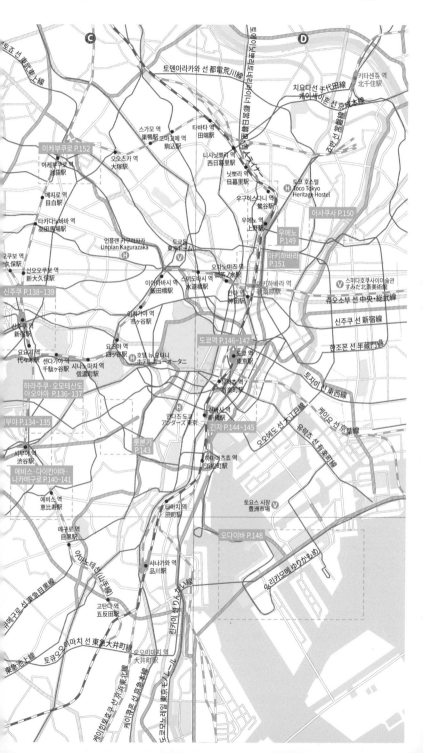

토쿄 선 東京 いたみせん 上線

C

토덴아라카와 선 都電荒川線

치요다선 千代田線
케이세이 혼 선 京成本線

D

키타센쥬 역
北千住駅

스가모 역
巣鴨駅 코마고메 역
駒込駅

타바타 역
田端駅

이케부쿠로 P.152
이케부쿠로 역
池袋駅

오오츠카 역
大塚駅

니시닛뽀리 역
西日暮里駅

메지로 역
目白駅

닛뽀리 역
日暮里駅

토쿄 호스텔
Toco Tokyo
Heritage Hostel

우구이스다니 역
鶯谷駅

타카다노바바 역
高田馬場駅

우에노 역
上野駅

아사쿠사 P.150

언플랜 가구라자카
Unplan Kagurazaka

토쿄돔
東京ドーム

우에노
P.149

2구보 역
久保駅

신오오쿠보 역
新大久保駅

오챠노미즈 역
御茶ノ水駅

아키하바라
P.151

신주쿠 P.138~139

이이다바시 역
飯田橋駅

스이도바시 역
水道橋駅

신주쿠 역
新宿駅

아키하바라 역
秋葉原駅

스미다호쿠사이미술관
すみだ北斎美術館

쵸오소부 선 中央·総武線

칸다 역
神田駅

신주쿠 선 新宿線

이치가야 역
市ヶ谷駅

호조몬 선 半蔵門線

요요기 역
代々木駅

요츠야 역
四ツ谷駅

호텔 뉴오타니
ホテルニューオータニ

도쿄역 P.146~147

센다가야 역
千駄ヶ谷駅

시나노마치 역
信濃町駅

도쿄 역
東京駅

토자이 선 東西線

하라주쿠·오모테산도·
아오야마 P.136~137

유라쿠쵸 역
有楽町駅

케이요 선 京葉線

부야 P.134~135

안다즈 도쿄
アンダーズ東京

신바시 역
新橋駅

긴자 P.144~145

오오에도 선 大江戸線
유라쿠 선 有楽町線

시부야 역
渋谷駅

루본기 P.143

하마마츠쵸 역
浜松町駅

에비스·다이칸야마·
나카메구로 P.140~141

에비스 역
恵比寿駅

토요스 시장
豊洲市場

오다이바 P.148

메구로 역
目黒駅

타마치역
田町駅

우미노티 선 山手線

시나가와 역
品川駅

유리카모메 ゆりかもめ

고탄다 역
五反田駅

메구로 선 東急目黒線

토쿠오오이마치 선 東急大井町線

오오이마치 역
大井町駅

케이히노호쿠 선 京浜東北線
케이큐 혼 선 京急本線

린카이 선 りんかい線

도쿄모노레일 東京モノレール

시부야

🅐

🅑 B

커피 수프림 도쿄
Coffee Supreme Tokyo

Ⓥ NHK스튜디오파크
NHKスタジオパーク

渋谷税務署

마가렛
MARGARET HO

Ⓥ

어반 리서
URBAN RESE
Ⓢ

Ⓗ 시부야 크레스톤호텔
渋谷クレストンホテル

나노·유니버스
nano·universe
Ⓢ

❶

Ⓡ 핸즈카페
ハンズカフェ

시부야 파르코 파트1
渋谷PARCO
Ⓢ

애플
스토어
Ⓢ

토큐핸즈
Tokyu Hands
Ⓢ

시부야 파르코 파트3
渋谷PARCO
Ⓢ

무인양
Ⓢ

휴릭 앤 뉴 시부야
HULIC & New SHIBUYA
Ⓢ

프랑프랑

유니클로
Ⓢ

시부야 로프트
渋谷ロフト
Ⓢ

북오프
ブックオフ
BOOK OFF
Ⓢ

스페인자카
スペイン坂
Ⓥ

디즈니 스토어
Disney store
Ⓢ

비론
BRASSERIE
VIRON
Ⓡ

파르코 제로게이트
PARCO ZERO GATE
Ⓥ

Bunkamura

토큐백화점 본점
東急百貨店 本店
Ⓢ

센터 거리 渋谷センター街

아인즈앤토르페
Ⓢ

세이부 A관
SEIBU

오레류시오라멘
俺流塩らーめん
Ⓡ

빌리지뱅가드
ヴィレッジヴァンガード
Ⓢ

타코 벨
TACO BELL
Ⓢ

메가 돈키호테
MEGAドン·キホーテ

QF

제이에스 커리
J.S. CURRY
Ⓡ

우오베
魚べい
Ⓡ

유니클로
Ⓢ

시부야 109
SHIBUYA 109
Ⓢ

하치코
忠犬ハチ

❷

시부야 스크램블 교차로
渋谷スクランブル交差点

내일의 신
明日の神

마크 시티
Mark City
Ⓢ

차나베카페 kagurazak
茶鍋カフェ kagurazak
Ⓡ

나나菜な
Ⓡ

시부야 엑셀호텔토큐
渋谷エクセルホテル東
Ⓗ

❸

아파호텔 시부야도겐자카우에
アパホテル渋谷道玄坂上
Ⓗ

세루리안타워 토큐호텔
セルリアンタワー東急ホテル
Ⓗ

오쿠시부
奥渋谷

호텔 에마농
Hotel Emanon
Ⓡ

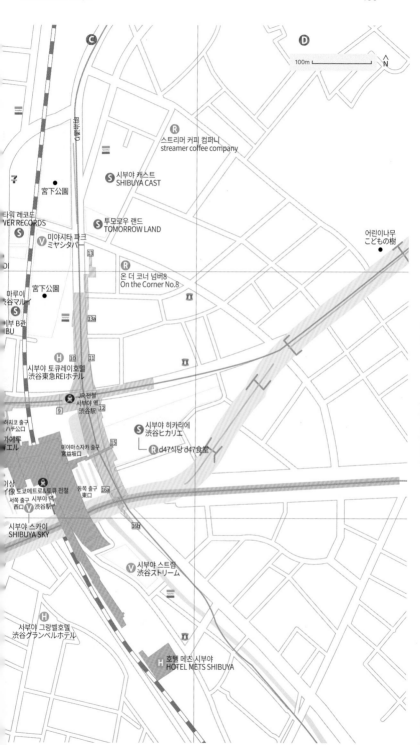

100m
N

ⓒ

ⓓ

ⓡ 스트리머 커피 컴퍼니
streamer coffee company

ⓢ 시부야 캐스트
SHIBUYA CAST

宮下公園

타워 레코드
VER RECORDS

ⓢ

ⓥ 미야시타 파크
ミヤシタバー

ⓢ 투모로우 랜드
TOMORROW LAND

디

어린이나무
こどもの樹

13

ⓡ 온 더 코너 넘버8
On the Corner No.8

宮下公園

마루이
谷マルイ

ⓢ

부 B관
BU

13a

ⓗ 10 11
시부야 토큐레이호텔
渋谷東急REIホテル

🚇 JR전철
시부야 역
渋谷駅

9 12

하치코 출구
ハチ公口

가에루
エル

ⓢ 시부야 히카리에
渋谷ヒカリエ

미야마스자카 출구
宮益坂口

15

ⓡ d47식당 d47食堂

기상
像 도쿄메트로&도큐 전철
서쪽 출구 시부야 역
西口 ⓥ 渋谷駅

동쪽 출구
東口

16a

시부야 스카이
SHIBUYA SKY

16b

ⓥ 시부야 스트림
渋谷ストリーム

ⓗ 시부야 그랑벨호텔
渋谷グランベルホテル

ⓗ 호텔 메츠 시부야
HOTEL METS SHIBUYA

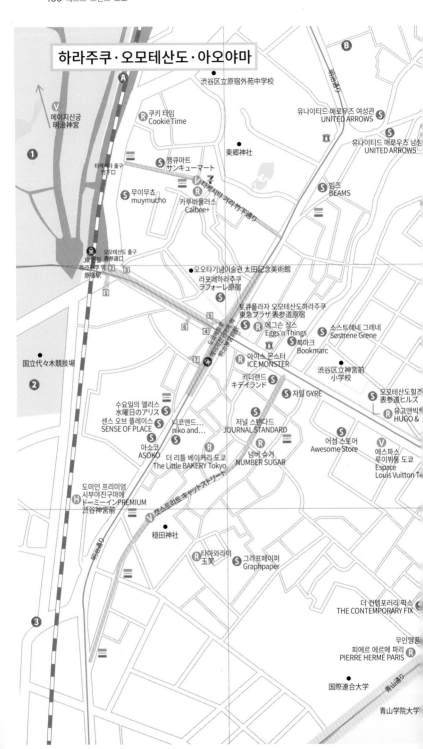

하라주쿠·오모테산도·아오야마

渋谷区立原宿外苑中学校

V 메이지신궁
明治神宮

R 쿠키 타임
Cookie Time

유나이티드 애로우즈 여성관 S
UNITED ARROWS

유나이티드 애로우즈 남성관 S
UNITED ARROWS

東郷神社

땡큐마트 サンキューマート

타케시타 출구 竹下口

무이무쵸 S
muymucho

V 타케시타 거리 竹下通り

카루비플러스 Calbee+

빔즈 S
BEAMS

JR 接緯 오모테산도 출구 表参道口
하라주쿠 역 原宿駅

오오타기념미술관 太田記念美術館

라포레하라주쿠 ラフォーレ原宿

토큐플라자 오모테산도하라주쿠
東急プラザ 表参道原宿

S 에그슨 싱스 Eggs'n Things

소스트레네 그레네 Søstrene Grene

북마크 R
Bookmarc

国立代々木競技場

S 아이스 몬스터 ICE MONSTER

渋谷区立神宮前
小学校

R 키디랜드 S キデイランド

S 자일 GYRE

오모테산도힐즈 表参道ヒルズ

S 유고앤빅 R HUGO &

수요일의 앨리스 水曜日のアリス

니코앤... niko and...

S 저널 스탠다드 JOURNAL STANDARD

어섬 스토어 Awesome Store

에스파스 V 루이뷔통 도쿄 Espace Louis Vuitton T

센스 오브 플레이스 S SENSE OF PLACE

아소코 ASOKO

더 리틀 베이커리 도쿄 The Little BAKERY Tokyo

넘버 슈거 NUMBER SUGAR

도미인 프리미엄 시부야진구마에 ドーミーインPREMIUM 渋谷神宮前

V 캣스트리트 キャットストリート

穂田神社

타마와라이 R 玉笑

그라프페이퍼 G Graphpaper

더 컨템포러리 픽스 THE CONTEMPORARY FIX

무인양품

피에르 에르메 파리 R PIERRE HERMÉ PARIS

国際連合大学

青山通り

青山学院大学

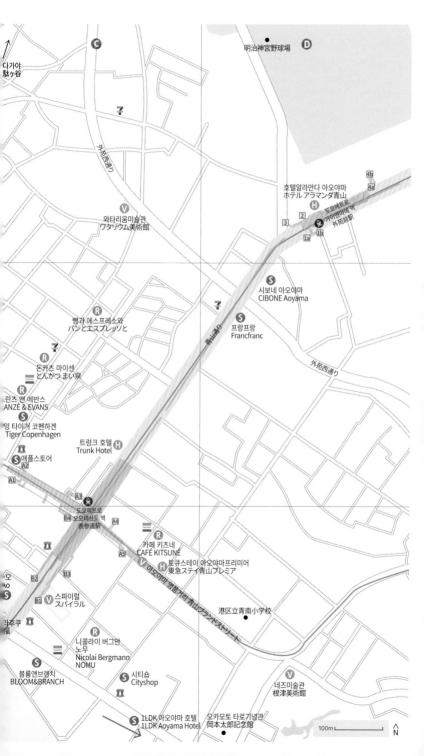

C

다가야
駄ヶ谷

D

明治神宮野球場

外苑西通り

V 와타리움미술관
ワタリウム美術館

호텔알라만다 아오야마
ホテル アラマンダ青山

4b
4a
2

도쿄메트로
가이엔마에 역
外苑前駅

3
1a 1b

S 시보네 아오야마
CIBONE Aoyama

青山通り

R 빵과 에스프레소와
パンとエスプレッソと

S 프랑프랑
Francfranc

外苑西通り

R 돈카츠 마이센
とんかつ まい泉

R .란츠 앤 에반스
ANZÉ & EVANS

.잉 타이거 코펜하겐
Tiger Copenhagen

S

R 트렁크 호텔 **H**
Trunk Hotel

S 애플스토어
A2

A1

A3

S

도쿄메트로
오모테산도 역
表参道駅

B4 A4

A5

R 카페 키츠네
CAFÉ KITSUNÉ

H 토큐스테이 아오야마프리미어
東急ステイ青山プレミア

아오야마 명품거리 青山 グランドストリート

港区立青南小学校

B2

B3

S 오
뇨

B1 **V** 스파이럴
スパイラル

긔주쿠
僴

R 니콜라이 버그만
노무
Nicolai Bergmann
NOMU

S 블룸앤브랜치
BLOOM&BRANCH

S 시티숍
Cityshop

V 네즈미술관
根津美術館

S 1LDK 아오야마 호텔
1LDK Aoyama Hotel

오카모토 타로기념관
岡本太郎記念館

100m

N

신주쿠

C **D**

100m
∧N

호텔 그레이스리 신주쿠
ホテルグレイスリー新宿

츠키지간다코 하이볼 사카바
築地銀だこハイボール酒場

카구라자카
神楽坂

부 전철
부신주쿠 역
新宿駅

신주쿠토호빌딩
新宿東宝ビル

도쿄대신궁
東京大神宮

武新宿PePe
신주쿠 프린스호텔
新宿プリンスホテル
무인양품

카부키초 歌舞伎町

로봇레스토랑
ロボットレストラン

이마노 도쿄 호스텔
IMANO TOKYO HOSTEL

新宿区役所

돈키호테

라비
LABI

하나조노신사
花園神社

신주쿠알타
新宿アルタ

무인양품

靖国通り

바니즈 뉴욕
Barneys New York

디즈니 플래그십 도쿄
ディズニーフラッグシップ東京

라식당
Jra食堂

북오프

키노쿠니야서점
紀伊國屋書店

하브스
ハーブス

신주쿠타카노
新宿高野

무인양품

이세탄
伊勢丹

루미네에스트
ルミネエスト

박쿠로
ビックロ

북오프

신주쿠나카무라야 만나
新宿中村屋 Manna

이케아 신주쿠
IKEA新宿

중앙 동쪽 출구
中央東口

도쿄메트로
신주쿠산초메 역
新宿三丁目駅

시타딘 신주쿠
シタディーン新宿

빔즈 재팬
BEAMS JAPAN

북오프

루미네2
LUMINE2

세카이도
世界堂

신주쿠마루이
新宿マルイ

新宿通り

미로드
ロード

뉴우먼
NEWoman

브루클린팔러
ブルックリンパーラー

동남쪽 출구
東南口

재니스 웡
JANICE WONG

총구
口

로즈마리즈
ローズマリーズ

타카시마야타임즈스퀘어
タカシマヤタイムズスクエア

파티세리아
パティシェリア

프랑프랑

도큐핸즈

유니클로

신주쿠테라스시티
新宿テラスシティ

쿠호텔
서던타워
ンホテル
リーサザンタワー

모자이크 거리 モザイク通り

신주쿠서던테라스 新宿サザンテラス

서던타워 サザンタワー

신주쿠교엔
新宿御苑

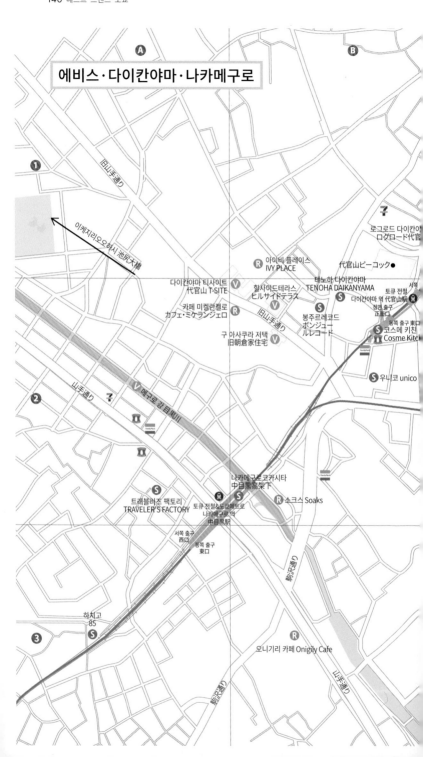

에비스·다이칸야마·나카메구로

Ⓐ **Ⓑ**

❶

旧山手通り

이케지리오오하시 池尻大橋

Ⓡ 아이비 플레이스
IVY PLACE

代官山ピーコック●

로그로드 다이칸야
ロクロード代官

다이칸야마 티사이트
代官山 T-SITE

Ⓥ 힐사이드테라스
ヒルサイドテラス

태노하 다이칸야마
TENOHA DAIKANYAMA

Ⓢ 다이칸야마 역 代官山駅

토큐 전철   서쪽
정면 출구
正面口

동쪽 출구 東口

카페 미켈란젤로
カフェ・ミケランジェロ

Ⓡ

旧山手通り

봉주르레코드
ボンジュー
ルレコード

Ⓢ 코스메 키친
Cosme Kitch

구 아사쿠라 저택
旧朝倉家住宅

Ⓥ

❷

山手通り

Ⓢ 우니코 unico

Ⓥ 메구로 강 目黒川

나카메구로코가시타
中目黒高架下

Ⓡ 소크스 Soaks

트래블러즈 팩토리
TRAVELER'S FACTORY

Ⓢ

토큐 전철&도쿄메트로
나카메구로 역
中目黒駅

서쪽 출구
西口

동쪽 출구
東口

駒沢通り

하치고
85

❸

Ⓢ

오니기리 카페 Onigily Cafe

駒沢通り

山手通り

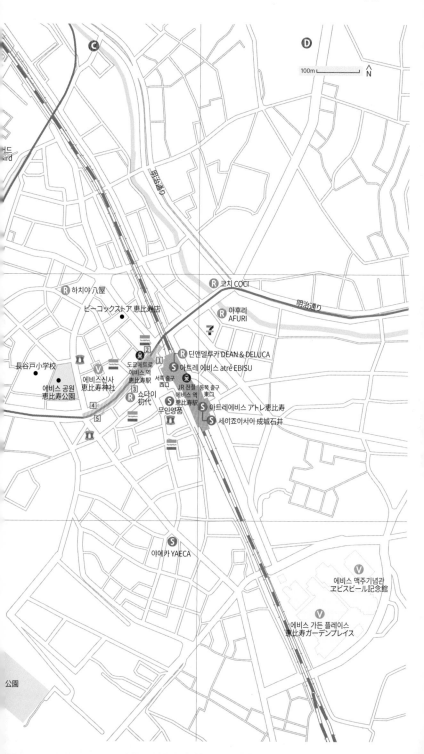

100m
N

Ⓒ

Ⓓ

Ⓡ 하치야 八屋

ピーコックストア 恵比寿店

Ⓡ 코치 COCI

明治通り

Ⓡ 아후리
AFURI

明治通り

長谷戸小学校

Ⓡ 딘앤델루카 DEAN & DELUCA

도쿄메트로
에비스 역
恵比寿駅

Ⓢ 아트레 에비스 atré EBISU

에비스신사
恵比寿神社

에비스 공원
恵比寿公園

Ⓥ

서쪽 출구
西口

JR전철
에비스 역
恵比寿駅

동쪽 출구
東口

Ⓡ 쇼다이
初代

무인양품

Ⓢ 아트레에비스 アトレ恵比寿

Ⓢ 세이죠이시이 成城石井

Ⓢ 야에카 YAECA

에비스 맥주기념관
ヱビスビール記念館

Ⓥ

Ⓥ

에비스 가든 플레이스
恵比寿ガーデンプレイス

公園

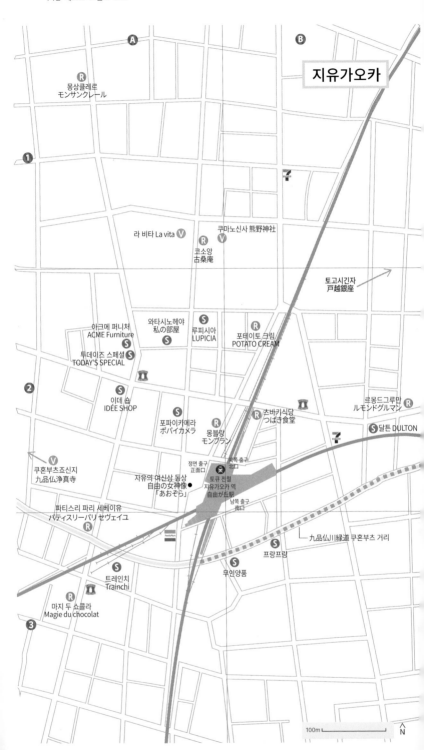

지유가오카

롯본기

100m
N

21_21 디자인 사이트
21_21 DESIGN SIGHT

마드타운가든
ミッドタウンガーデン
더 리츠칼튼 도쿄
ザ・リッツ・カールトン東京

檜町公園
(공원)

도쿄메트로
乃木坂駅

3

6

유니클로
무인양품

도쿄미드타운 東京ミッドタウン

산토리미술관 サントリー美術館
국립신미술관
国立新美術館

라 스포리나
ラスフォリーナ

시루야 汁や

토시 요로이즈카 Toshi Yoroizuka

마츠로쿠야
御曹司 松六家

장 폴 에방 JEAN-PAUL HEVIN

브라스리
폴보퀴즈 르뮤제
ブラッスリー
ポール・ボキューズ ミュゼ

파티세리 사다하루 아오키 파리
pâtisserie Sadaharu AOKI paris

팔레타스 PALETAS

토에이 지하철
롯본기 역
六本木駅

6

5

코히엔
香妃園

돈키호테

2

도쿄메트로
롯본기 역
六本木駅

3

2

1a

이에로
yelo

마망 Maman

도쿄타워
東京タワー →

롯본기힐즈
六本木ヒルズ

모리정원 毛利庭園

도쿄시티뷰전망대
東京シティビュー

모리미술관
森美術館

TV아사히방송국
テレビ朝日

그랜드
하얏트 도쿄
グランドハイアット
東京

모리아트센터갤러리
森アーツセンターギャラリー

AS 클래식 다이너
AS CLASSICS DINER

에그셀런트
エッグセレント

더가든
ザ・ガーデン

3

긴자

A

B2
D3
B
D5
도쿄메트로
유락쵸 역
有楽町駅
D2
D4
D6

국제포럼 출구
国際フォーラム口
코바시 출구
京橋口
B1

B8
JR 전철
유락쵸 역
有楽町駅
東京交通

A8
중앙 서쪽 출구
中央西口

A7
히비야 출구
日比谷口
중앙 출구
中央口

A10
더 페닌슐라 도쿄
ザ・ペニンシュラ東京
H
A6

A9

A11
有楽稲荷神社
긴자 출구
銀座口
S
유락쵸이토시아
有楽町イトシア

도쿄메트로
히비야 역
日比谷駅
A3

A5
A4
A2

S
유락쵸마리온
有楽町マリオン

A12
日生劇場
A1

A0

A14
A13
도쿄타카라즈카곡장
東京宝塚劇場

C1

C6

B10
토큐플라자긴자
東急プラザ銀座
B8

제국호텔 도쿄
帝国ホテル東京
H
区立泰明小学校 ●
S

긴자 소니 파크
Ginza Sony Park
V
B9

긴자메종에르메스
銀座メゾンエルメス
V

긴자센비키아
銀座千疋屋
R B5

이그짓멜
EXITMEL
S

2
도버스트리트마켓긴자
Dover Street Market Ginza
S

S 유니클로

긴자 식스
GINZA SIX
S

資生堂ギャラリー

都心環状線

히비야 출구
日比谷口
긴자 출구
銀座口

3
JR 전철
신바시 역
新橋駅

H
호텔 빌라폰테뉴
도쿄시오도메
ホテルヴィラフォンテーヌ
東京汐留
S 돈키호테

카라스모리 출구
烏森口
시오도메 출구
汐留口
昭和通り
H
콘래드 도쿄
コンラッド東京

海岸通り

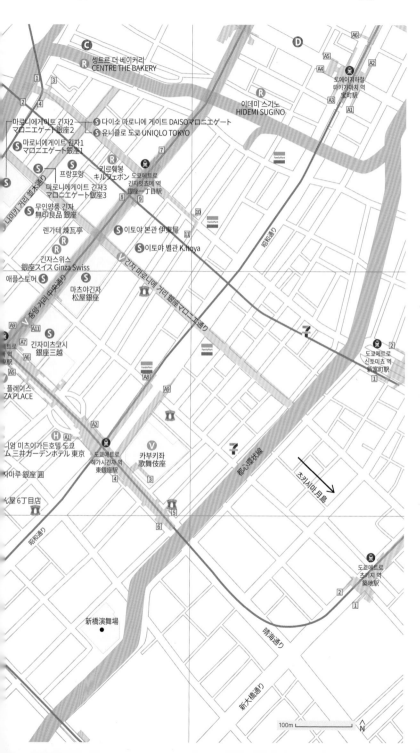

도쿄역

A

B

C7

H 호시노야 도쿄
星のや東京

C9

C8

C10

H 아만 도쿄
アマン東京

C13b

C11
C12

C13a

C14

B1

V 코코히가시교엔
皇居東御苑

H 팔레스호텔도쿄
Palace Hotel Tokyo

D5

D6

1

R 도쿄메트로
오오테마치 역
大手町駅

D4

D3

● 和田倉噴水公園

D2

D1

S 신마루빌딩
新丸ビル

마루노우치 늑
丸の

6

V 교코 거리
行幸通り

마루노우치
丸の

7

R 도쿄메트로
니주바시마에 역
二重橋前駅

도쿄스테이션호텔
東京ステーションホテル

S 로프트

5

V 코코 皇居

S 마루빌딩
丸ビル

마루노우치 남쪽 출구
丸の内南口

2

4

R 카페 가브
Cafe GARB

3

S 프랑프랑

V 킷테 KITTE

마루노우치카페회 R
丸の内 CAFE会

2 ● 明治生命館

S 마루노우치브릭스퀘어
丸の内ブリックスクエア

츠루통탄 비스 도쿄
つるとんたん Bis TOKYO

1

R

B6

B7

V 미츠비시1호관미술관
三菱一号館美術館

● 楠木正成像

B5

R 무쵸 MUCHO

B4

3

● 帝国劇場

V 도쿄국제포럼
東京国際フォーラム

B2

B1

よみうりホール

국제포럼 출구 R
国際フォーラム口
JR 전철
&도쿄메트로
유락초 역
有楽町駅
중앙 서쪽 출구
中央西口

쿄바시 출구
京橋口

V 히비야공원
日比谷公園

도쿄메트로
히비야 역
日比谷駅

히비야 출구
日比谷口

중앙 출구
中央口

긴자 출구
銀座口

S 무인양품
S 코레도무로마치
코레도室町
A8
A10
만다린 오리엔탈
マンダリン・オリエンタル東京
S
도쿄메트로
미츠코시마에 역
三越前駅
A6
성품생활 니혼바시
誠品生活日本橋
A7
A5
A4
니혼바시미츠코시본점
日本橋三越本店
S
하리오 카페 & 유리공방
Hario Cafe & Lampwork Factory
A2
A1
S 마루노우치오아조
丸の内オアゾ
니혼바시
日本橋
V
니혼바시 출구
日本橋口
사라베스
サラベス
R
A1
코레도 니혼바시
コレド日本橋
A3
A7
상그릴라호텔 도쿄
シャングリ・ラ ホテル 東京
H
도쿄메트로
&토에이지하철
니혼바시 역
日本橋駅
코레도니혼바시
コレド日本橋
S
B9
B7
A6
야에스 북쪽 출구
八重洲北口
JR 전철
도쿄 역
東京駅
B3
C1
C2
B8
B6
C4
B0
다이마루도쿄
大丸東京
B4
야에스 중앙 출구
八重洲中央口
S
도쿄스테이션시티
ミステーションシティ
V
도쿄역 1번가
東京駅一番街
V
B3
B1
도쿄라멘스트리트
東京ラーメンストリート
R
S 유니클로
야에스 남쪽 출구
八重洲南口
슈퍼호텔 로하스
도쿄에키 야에스츄오구치
スーパーホテル Lohas
東京駅八重洲中央口
H
포시즌스호텔 마루노우치 도쿄
フォーシーズンズホテル丸の内 東京
H
7
다반인디아
タバインディア
R
7
5
4
도쿄메트로
쿄바시 역
京橋駅
1
2
A8
A7
A5
A6
A2
A4
토에이치하철
타카라쵸 역
宝町駅
A3
A1
100m
N

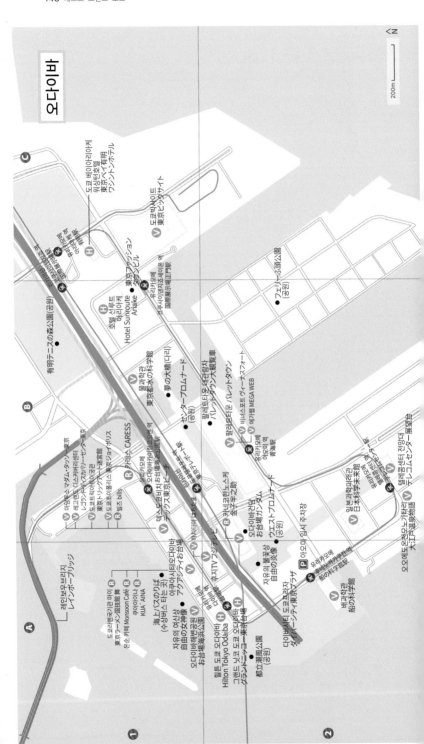

오다이바

200m

N

레인보우브리지
レインボーブリッジ

도쿄레이국과관 마이
東京都立科学館 マイ
은선 카페 Monsoon Café ℝ
쿠아아이나 ℝ
KUA 'AINA
자유의 여신상 ℝ
自由の女神像
海上バスのりば
(수상버스 타는 곳)
오다이바해변공원
お台場海浜公園
아쿠아시티오다이바 ℝ
アクアシティお台場
데크스 도쿄비치
デックス東京ビーチ

힐튼 도쿄 오다이바 ℍ
Hilton Tokyo Odaiba
그랜드 닛코 도쿄 오다이바 ℍ
グランドニッコー東京台場

다이버시티 도쿄 플라자 ℍ
ダイバーシティ東京プラザ

都立潮風公園 (공원)

도쿄 테마 올림픽 ℝ
マダム・タッソー東京
레고랜드 디스커버리센터 도쿄 ℝ
レゴランド・ディスカバリーセンター東京
도쿄트릭아트미궁관 ℝ
東京トリックアート迷宮館
도쿄조이폴리스 ℝ
東京ジョイポリス
웁스 비치 ℝ

카레스 CARESS ℝ
덱스도쿄비치 마담투소도쿄 ℝ
デックス東京ビーチ

유리카모메
오다이바카이힌코엔역
お台場海浜公園駅
유리카모메
다이바역
台場駅
도쿄텔레포트역
東京テレポート駅

자유의 불꽃상
自由の炎

후지TV본사건물
フジテレビ本社ビル

카니도라쿠스케 ℝ
金子半之助

오다이바임시주차장
お台場臨時駐車場
ウエストプロムナード
(공원)

P 아쿠아시티오다이바
アクアシティお台場

우미노카모메
船の科学館駅

배과학관
船の科学館

有明テニスの森公園 (공원)

호텔 선루트 아리아케 ℍ
Hotel Sunroute
Ariake

동경도수의과학관
東京都水の科学館

夢の大橋 (다리)
센터프롬나드
(공원)

동경국제전시장역 V
유리카모메
国際展示場正門駅

팔레트타운 대관람차
パレットタウン大観覧車

팔레트타운 비너스포트 ℝ
ヴィーナスフォート
팔레트타운 펠레트타운
パレットタウン

팔레트타운 MEGA WEB
メガWEB

유리카모메
아오미역
青海駅

도쿄 베이아리아케
워싱턴호텔 ℍ
東京ベイ有明
ワシントンホテル

도쿄빅사이트 V
東京ビッグサイト

フェリーろ頭公園 (공원)

일본과학미래관
日本科学未来館

텔레콤센터 전망대
テレコムセンター展望台
유리카모메
텔레콤센터역
テレコムセンター駅

오에도온센모노가타리
大江戸温泉物語

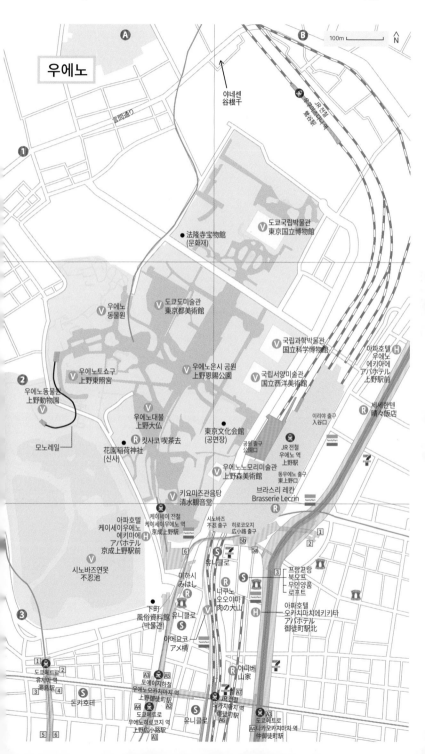

우에노

100m

야네센
谷根千

JR 전철
우구이스다니 역
鶯谷駅

도쿄국립박물관
東京国立博物館

法隆寺宝物館
(문화재)

우에노
동물원

도쿄도미술관
東京都美術館

국립과학박물관
国立科学博物館

아파호텔
우에노
에키마에
アパホテル
上野駅前

우에노토쇼구
上野東照宮

우에노은시 공원
上野恩賜公園

국립서양미술관
国立西洋美術館

세세한테
晴々飯店

우에노동물원
上野動物園

우에노대불
上野大仏

東京文化会館
(공연장)

이리야 출구
入谷口

모노레일

花園稲荷神社
(신사)

킷사코 喫茶去

공원 출구
公園口

JR 전철
우에노 역
上野駅

동우에노 출구
東上野口

우에노노모리미술관
上野森美術館

브라스리 레칸
Brasserie Lecrin

키요미즈관음당
清水観音堂

케이세이 전철
케이세이우에노 역
京成上野駅

시노바즈
不忍窓 출구

히로코오지
広小路 출구

아파호텔
케이세이우에노
에키마에
アパホテル
京成上野駅前

유니클로

프랑프랑
북유크
무인양품
로프트

미하시
みはし

니쿠노
오오야마
肉の大山

아파호텔
오카치마치에키키타
アパホテル
御徒町駅北

시노바즈연못
不忍池

下町
風俗資料館
(박물관)

유니클로

아메요코
アメ横

야마베
山家

도쿄메트로
유시마 역
湯島駅

토에이지하철
우에노오카치마치 역
上野御徒町駅

도쿄메트로
나카오카치마치 역
仲御徒町駅

돈키호테

도쿄메트로
우에노히로코지 역
上野広小路駅

유니클로

오카치마치
御徒町駅

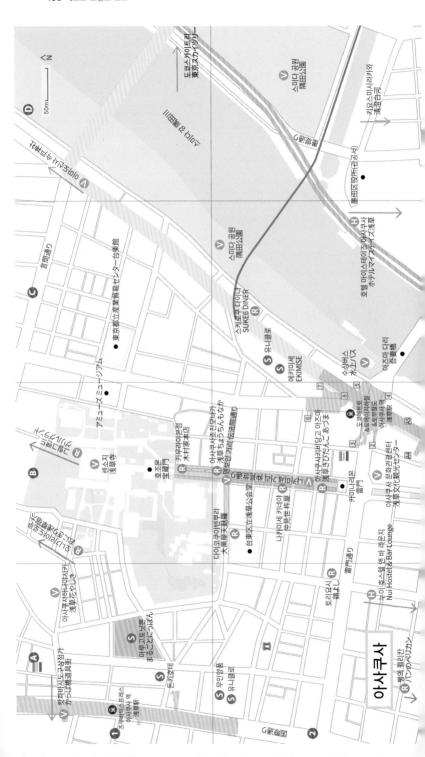

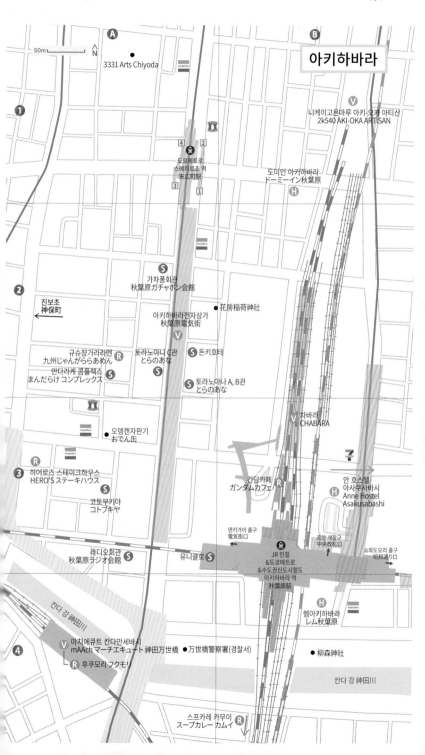

50m
N

Ⓐ

Ⓑ

아키하바라

•3331 Arts Chiyoda

FamilyMart

❶

Ⓥ 니케이고욘마루 아키-오카 아티산
2k540 AKI-OKA ARTISAN

4 2

도쿄메트로
스에히로쵸 역
末広町駅
3 1

도미인 아키하바라
ドーミーイン秋葉原 Ⓗ

FamilyMart

❷

진보초
神保町
←

Ⓢ 가챠퐁회관
秋葉原ガチャポン会館

• 花房稲荷神社

아키하바라전자상가
秋葉原電気街
Ⓥ

규슈쟝가라라멘 Ⓡ
九州じゃんがらあめん
만다라케 콤플렉스 Ⓢ
まんだらけ コンプレックス

토라노아나 C관 Ⓢ 돈키호테
とらのあな

토라노아나 A, B관 Ⓢ
とらのあな

차바라
Ⓥ CHABARA

FamilyMart

•오뎅캔자판기
おでん缶

❸ Ⓡ 히어로즈 스테이크하우스
HERO'S ステーキハウス

Ⓢ 코토부키야
コトブキヤ

건담카페 Ⓡ
ガンダムカフェ

안 호스텔
아사쿠사바시 Ⓗ
Anne Hostel
Asakusabashi

라디오회관 Ⓢ
秋葉原ラジオ会館

유니클로 Ⓢ

덴키가이 출구
電気街口

JR전철
&도쿄메트로
&수도권신신도시철도
아키하바라 역
秋葉原駅

중앙·개찰구
中央改札口

쇼와도오리 출구
昭和通り口

FamilyMart

렘아키하바라 Ⓗ
レム秋葉原

칸다 강 神田川

마치에큐트 칸다만세바시 Ⓥ
mAAch マーチエキュート 神田万世橋
└ 후쿠모리 フクモリ Ⓡ

•万世橋警察署(경찰서)

•柳森神社

칸다 강 神田川

스프카레 카무이 Ⓡ
スープカレー カムイ

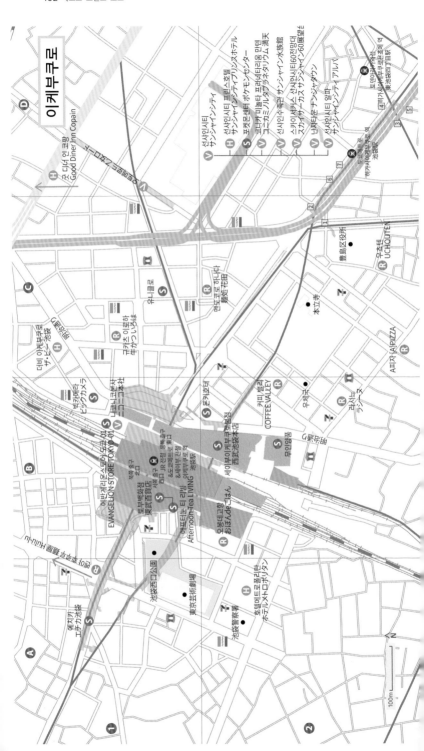

이케부쿠로

키치조지

D
- 오니쿠소 オニクソー
- 자키로 카페 Sajiro Café **R**
- 하티프니트 HATTIFNATT RIEN **R**
- 무인양품 **S**
- 井の頭通り
- 이노카시라선 역 井の頭公園駅
- 시모키타자와 역 下北沢

→ 시포 四歩 **R**
- 무사시노시립키치조지미술관 武蔵野市立吉祥寺美術館 **S** 로프트
- 세븐트로 **S**
- JR 정점 키치조지 역 키치조지 지역 吉祥寺駅
- 북쪽출구 北口
- 남쪽출구 公園口
- 혼쵸지 本町寺
- 토키호텔 **S**
- 무인양품
- 지지GG **R**

C 상크 CINQ
- 리틀스파이스 リトルスパイス **R**
- 칼디커피팜 하모니카요코초 KALDI Coffee Farm ハモニカ横丁 **S**
- 카렐차펙홍차점 カレルチャペック紅茶店 **S**
- 비컴퍼니 B-COMPANY **S** 우나기혼
- 나추라루키친& NATURAL KITCHEN&
- 케이브 CAVE **S**
- 차이브레이크 チャイブレイク **R**
- 레피큐리안 L'EPICURIEN **R**
- 이노카시라연못 井の頭池

B
- 프리디자인 Free Design **S**
- 페이퍼 메시지 Paper message **S**
- 井の頭通り
- 무사시노세무서 武蔵野税務署
- 이노카시라온시공원 井の頭恩賜公園 **V**
- 지브리미술관 三鷹の森ジブリ美術館 **V**
- 吉祥寺通り

A 키치조지
- JR정점 미타카역 三鷹駅
- 북쪽출구 北口
- 남쪽출구 南口
- 키타라이세이조각관 北村西望彫刻館
- 야마모토유조기념관 山本有三記念館
- V 버림의 사진길 郵政メンソリエイズ

1

2

100m

N

도쿄 핵심 대중교통 노선도
(도쿄 주요 관광지를 연결하는 JR 전철, 도쿄 메트로 핵심 노선&주요 역)

Best friends 베스트 프렌즈 시리즈 **6**

베스트 프렌즈
도쿄

발행일 | 초판 1쇄 2019년 11월 5일
개정 1판 1쇄 2023년 3월 6일
개정 1판 3쇄 2023년 10월 27일

지은이 | 정꽃나래, 정꽃보라

발행인 | 박장희
부문대표 | 정철근
제작총괄 | 이정아
책임편집 | 문주미
마케팅 | 김주희, 한륜아, 이현지
표지 디자인 | ALL designgroup
내지 디자인 | 변바희, 김미연
지도 디자인 | 신혜진

발행처 | 중앙일보에스(주)
주소 | (03909) 서울시 마포구 상암산로 48-6
등록 | 2008년 1월 25일 제2014-000178호
문의 | jbooks@joongang.co.kr
홈페이지 | jbooks.joins.com
네이버 포스트 | post.naver.com/joongangbooks
인스타그램 | @j__books

ISBN 978-89-278-7968-8 14980
ISBN 978-89-278-7967-1(세트)